포스트 코로나, 아이들 마음부터 챙깁니다

하지현
지음

포스트 코로나, 아이들 마음부터 챙깁니다

들어가며

변화의 시기,
부모들에게 보내는 신호

저는 정신건강의학과 전문의입니다. 제 진료실에는 '민감한 성향'이 가득합니다. 제가 병원에서 주로 만나는 연령대는 십 대부터 삼십 대까지인데, 그중에서도 주로 기질적으로 예민하고, 대인 관계에서 많이 긴장하고, 남들이 나를 어떻게 볼까 신경이 곤두서 있는 사람들을 많이 만나지요. 특히 십 대 학생들 중에는 친구 사귀는 것을 어려워하고, 급식 먹는 것에도 스트레스를 받고, 수련회 가는 버스에서 옆자리에 앉을 친구가 없을까 겁나 아예 수련회를 포기하는 이들이 적지 않습니다. 이런 성향은 대학생이나 직장인이 되어도 지속됩니다.

그러다 2020년 봄, 코로나19 바이러스의 확산으로 사회적 거리 두기를 하게 되면서 대면 수업을 전면 중단하고 원격 수업만 하게 되자 오히려 이렇게 민감한 성향의 아이들에게 좋은 상황이 되었습니다. 저는 처음에는 반가운 마음마저 들더군요. 성적은 둘째 치고 등교하는 것부터가 스트레스인 아이에게 사회적 거리 두기는 당장의 스트레스 원인이 사라지는 일이었으니 제가 할 일이 반쯤 줄어들었거든요. 학교를 가는 횟수가 적으니 대인 관계나 사회적 돌발 상황 같은 불안의 원인 또한 줄어든 덕분입니다. 실제로 아이들 표정이 많이 편안해졌습니다. 평소라면 잔뜩 긴장해서 지냈을 아이들이 원격 수업도 잘 듣고, 가족들에게 "우리는 답답해 죽겠는데 너는 집에서도 참 잘 지내는구나."라는 칭찬까지 들으니 위축되어 있던 아이들의 자존감이 올라가는 것도 보였습니다. 1학기는 그렇게 지났습니다.

그런데 2학기가 되면서 상황이 조금씩 변하기 시작했습니다. 확진자 수가 다시 늘면서 학교는 여전히 문을 열지 못했습니다. 백신과 치료제 개발도 요원했습니다. 이러한 상황이 도대체 언제 나아질지, 끝이 보이지 않았습니다. 확 지치는 사람들이 하나둘 나타나기 시작했습니다. 2020년 2~3월만 해도 언론사 기자가 "코로나19 스트레스로 정신건강의학과를 찾는 환자가 늘었지요?"라고 물으면 "아니요."라고 바로 답을 줄 수 있었습니다. 그러나 9월부터는 조짐이 좋지 않았습니다. 1학기에 학교 안 가서 좋다던 아이들의 말이 달라진 것입니다.

"차라리 학교에 가고 싶어요."

"외로워요."

"엄마와 동생과 싸우느니 차라리 친구들과 다투는 게 나아요."

몇 달을 상담해도 학교에 보내기 힘든 아이들이었는데 이게 무슨 일이냐 싶었습니다. 곧이어 몸과 마음이 힘들어져서 몇 년 만에 다시 저를 찾아오는 분들의 이름이 예약 명단에서 눈에 띄기 시작했고, 처음 경험해 보는 심리적인 문제로 병원을 찾는 이들도 늘었습니다.

그럼 2학기가 되어 띄엄띄엄이라도 학교에 가게 된 아이들은 조금 나아졌을까요?

초등학교를 다닌 곳과 다른 동네로 이사를 가면서, 친구들이 별로 없는 중학교에 진학을 한 1학년 여학생이 있었습니다. 낯가림이 심하지도 않고, 초등학생 때는 친구들과 잘 지내는 인기 있는 아이였답니다. 그런데 학교를 다니지 않은 채 1학기가 지나갔고, 2학기에 학교를 가니 가뜩이나 모르는 친구들이 마스크까지 쓰고 있어서 누가 누구인지 모르겠습니다. 같은 초등학교를 나온 아이들끼리는 친하게 떠들고 반가워하는 모습을 보니, 자기만 동떨어진 외톨이가 된 것 같았습니다. 급식을 먹으러 같이 갈 친구도 없었지요. 학교의 자잘한 일상을 나눌 친구를 사귈 타이밍을 놓쳐 버렸다는 생각이 들자 불안해졌습니다. 이제는 학교 가기 싫다, 차라리 검정고시를 보겠다고 고집을 부리는 바람에 부모님이 아이 손을 끌고 저를 찾아온 것입니다.

이 학생을 만나고 나니 얼마 전에 만난 다른 아이도 생각났습니다. 역시 친구 사귀는 것이 문제였습니다. 그 아이의 학교는 3주에 1주씩 등교를 합니다. 학교 가는 주의 수·목·금요일쯤에 살짝 말을 거는 친구가 생겼는데 그다음 주부터 2주간 학교를 가지 못했습니다. 그 후 학교를 가 보니 공기가 달리 느껴졌답니다. 친해지고 싶어서 말을 트고 있던 그 친구가 다른 아이와 한결 친해진 것입니다. 내가 만나지 못한 2주 동안 저 친구들은 SNS로 친교의 진도를 뽑았는데, 자기 혼자만 뒤떨어졌다는 생각이 들어 덜컥 겁이 났습니다. 예민한 기질의 아이라 그 미묘한 차이가 느껴진 것입니다. 공부보다 친구가 더 중요한 아이였기에 엄마에게 친해지고 싶은 아이랑 집에서 놀고 싶다고 했습니다. 그렇지만 한창 코로나19가 확산되던 시기라 엄마는 집에 친구를 데리고 오면 안 된다고 했습니다. 아이는 좌절합니다. 집에 갇힌 채 다른 친구들끼리 친해지는 것을 손 놓고 보고만 있게 되었으니까요.

코로나19가 길어지면서 가정에서도 아이들을 세심히 보살피기가 어려워졌습니다. 엄마 아빠도 힘들어졌거든요. 재택근무를 하게 된 부모들은, 처음에는 출퇴근 시간이 절약되고 지겨운 회식이나 불필요한 회의가 없어져서 좋았을 수도 있습니다. 그런데 시간이 갈수록 하루 종일 좁은 집에 엄마, 아빠, 아이들이 복작거리는 통에 지쳐 갑니다. 일하는 엄마는 더합니다. 노트북으로 업무와 회의를 하면서 식사를 준비하고, 설거지하고, 돌아서서 잠시 일을 하다 보면 또 밥 먹을 시간입니다. 그 와중에 평소에는 안 보이던 아이들의 게으름이나 '빠릿빠릿하지 못함'이 자꾸 눈에 들어와 잔소리가 늘어납니다. 집에서 일을 하며 '텐션'이 올라간 상태라 그런 모습이 눈에 더 거슬릴 수도 있습니다.

코로나19로 직격탄을 맞은 가정의 분위기는 더욱 안 좋습니다. 여행이나 운송, 식당 등 자영업을 하던 집은 말 그대로 사는 것이 힘들어졌습니다. 가족 내의 부정적인 공기는 그대로 아이들에게 전해지고, 아이들이 위축되는 것이 느껴지는 감수성 높은 부모일수록 죄책감과 괴로움은 더 커집니다. 그럼에도 감정이 수챗구멍을 흐르듯 밑으로 흘러 내려가는 것을 막기가 참 어렵습니다. 아이에게 목소리가 커지는 날이 많아지고, 후회를 반복하지요.

저는 마음의 병을 찾아내고 고치는 사람입니다. 마음의 병은 생물학적 요소뿐 아니라 사회 문화적 환경의 영향도 큽니다. 환경의 변화는 단단하고 건강한 사람에게는 큰 영향을 주지 않을 수 있지만 민감한 사람이나 취약한 사람에게는 발병의 원인이 되기도 합니다. 그런데 코로나19처럼 강력한 사회적 위기가 닥치면, 100명 중 1명에게만 나타나던 문제가 20명에게 나타납니다. 이제는 취약한 몇 명의 문제가 아니라, 여러 사람의 문제가 되지요. 그 20명은 유별난 이들이 아니에요. 취약함의 원인에는 개인의 기질적 요소도 있지만, 사회적 약자라는 환경적 요소도 포함되니까요. 스펙트럼의 한쪽 끝, 혹은 벼랑 끝으로 밀린 사람이 남들보다 먼저 어려움을 겪습니다.

그래서 이런 위기 상황에서는 정신과 의사가 '광산의 카나리아' 노릇을 하게 됩니다. 어떤 '마음의 아픔'은 '유난히 민감한 사람들'이나 '취약한 몇 명'의 문제로만 봐서는 안 된다고, 사회에 위기 신호를 보내는 것이지요. 저는 특히 코로나19 시대를 지나는 아이들과 부모들에게 시급히 몇 가지 신호를 발신할 필요가 있다고 느껴 이 책을 쓰게 되었습니다.

제가 이 책을 쓰는 불과 몇 달 동안에도, 백신이 승인되고 여러 나라에서 접종을 시작하는 변화가 있었습니다. 반면 변종 바이러스가 발견되기도 했습니다. 누구는 올해 2021년의 하반기쯤이면 코로나19가 종식될 것이라고 예측하고, 누군가는 정반대에 베팅을 합니다. 분명한 것은 1년 후를 예측하기도 어렵다는 것입니다.

많은 사람이 더 이상 코로나19 이전의 사회로 돌아갈 수 없을 것이라고 이야기합니다. 아이와 부모의 입장에서 그보다 더 중요한 것이 있습니다. 코로나19로 인해 기존에 진행되던 사회 변화의 시계가 빨라졌다는 것입니다. 흔히 말하는 '4차 산업 혁명'의 흐름이죠. 조금은 멀게 느껴졌던 4차 산업 혁명으로의 이행이 코로나19로 인해 10년 정도는 더 빠르게 진행될 것입니다.

사회의 변화 속도가 빨라지면 내가 조절하거나 해결할 수 없는 것이 늘어나고 그로 인해 불안이 증가합니다. 특히 아이를 키우는 양육자는 자신의 미래뿐만이 아니라 아이들의 미래를 어떻게 준비해야 할지 몰라 더욱 불안해집니다.

그렇다고 넋 놓고 있다가 휩쓸려 갈 수만은 없지 않을까요? 지금 할 수 있는 것은, 알고 있는 것을 중심으로 우리 아이들에게 다가온 현실을 차근차근 분석하고 평가해 보는 일입니다. 코로나19로 인한 변화를 비롯해 우리 사회와 우리 마음도 생각하면서, 현재와 미래를 준비하고 대응해야 합니다. 지금 우리가 서 있는 곳에 대해 정확하게 평가하고 어떤 태도를 취할지 방향을 잡아 보면 불안은 확연히 줄어들 것입니다.

저는 코로나19를 우리 삶에서 최소한 몇 년은 지속될 상수로 받아들였으면 합니다. '위드 코로나'의 마음이 필요합니다. 지금은 부모들 자신의 인생도 힘든 것이 사실입니다. 하루하루 버티고 있는 사람이 많습니다. 내 앞가림이 급하면 소중한 아이들도 안 보이기 쉽습니다. 그렇더라도 잠시 눈을 돌려서 우리 아이들의 현재와 미래에 대해서도 그림을 그려 봤으면 합니다. 한 번 넘어진다 해도, 다시 일어선 다음에는 더 잘 대처할 방법을 찾아낼 수 있습니다. 이 바쁘고 힘든 시기에 책 한 권을 들고 읽는 이유입니다.

이 책의 전반부에서는 먼저 코로나19가 양육자와 아이들의 마음에 어떤 변화를 주었는지, 부모들이 경험하는 불안이 무엇이고 어떤 형태로 표현되고 있는지 제 생각을 정리해 보여 드릴 것입니다. 또한 코로나19로 인해 아이들의 마음 발달에 생긴 빈틈은 없는지, 방역

과정에서 드러난 우리 마음의 구조는 어떠한지를 살펴봅니다.

후반부에서는 코로나19가 아이들의 미래에 가져올 변화를 살펴보고, 그것을 준비하기 위해 지금부터 부모들이 어떤 역할과 노력을 하면 좋을지, 또 마음가짐은 어떻게 해야 할지 차근차근 말씀드리겠습니다. 아무쪼록 이 책이 갑자기 눈앞에 펼쳐진 변화로 마음이 불안해진 아이와 부모 모두에게 좋은 나침반이자 등대가 되기를 바랍니다.

하지현

차례

4 **들어가며**
변화의 시기, 부모들에게 보내는 신호

1부 코로나19와 부모, 우리는 무엇이 불안한 걸까?

17 **1장** 달라진 환경, 달라진 부모 마음
41 **2장** 온라인 수업이 채워 주지 못하는 마음의 빈틈
59 **3장** K-방역이 드러낸 한국인의 마음 구조
79 **4장** 불안이 일으키는 양육의 실수들

2부 코로나19 이후를 준비하려면

101 **5장** 아이들이 맞이할 미래, 무엇이 바뀔까?
121 **6장** 앞으로 아이들에게 필요한 감정 능력
147 **7장** 부모가 마련해 주어야 할 마음의 환경
181 **8장** 불안의 시대에 필요한 부모의 마음가짐

205 **나오며**
불안보다 호기심으로

208 참고 자료

1부

코로나19와 부모, 우리는 무엇이 **불안한 걸까?**

1장

달라진 환경,
달라진 부모 마음

부모는 본래 평생 자식 걱정을 하는 사람입니다. 행여나 내 아이에게 불운이 닥칠까, 내 아이가 성공하지 못할까 전전긍긍합니다. 그런데 코로나19 사태가 지속되자 부모들의 이런 불안한 마음이 더욱 커졌습니다.

그런데 우리 부모들은 정확히 무엇에 불안해하고 있는 것일까요? 불안의 모양과 방향을 아는 것만으로도 불안을 꽤 줄일 수 있습니다. 부정적인 감정들이 아이에게로 마냥 흘러가는 것도 제어할 수 있지요. 코로나19가 일으킨 불안 중에서도 특히 양육자들이 갖는 불안을 깊이 들여다보겠습니다.

안전에 대한 갈망은
커져만 가고

요새는 어디를 가나 체온을 잽니다. 거기에 '검역'이라고 쓰여 있죠? 간혹 밑에 quarantine이라는 영어 단어가 적혀 있을 때도 있습니다. 검역을 뜻하는 말입니다. 이 단어는 이탈리아어로 숫자 40을 뜻하는 '콰란타(quaranta)'가 어원입니다. 검역과 40은 무슨 관계일까요?

14세기 유럽에 흑사병이 유행하던 시기에, 베네치아 공화국에서는 무역선을 타고 베네치아를 찾아온 선원들을 배에서 곧바로 내리지 못하게 했습니다. 외부에서 온 이들로부터 병이 옮을까 봐 일단 배에 격리한 것이죠. 그런데 얼마나 오래 격리해야 할지 몰라 일단 40일로 정했답니다. 과학적 근거는 전혀 없죠. 예수가 광야에서 금식한 기간인 40일을 따랐다고 하네요. 흑사병이 창궐하던 중세에 충분한 기간과 거리를 두되 종교적 믿음에 따라서 안전을 도모한 것, 그게 검역의 시초랍니다.

그로부터 700여 년이 지난 지금, 우리는 다시 무역선에서 내리지 못하는 선원의 신세가 되었습니다. 코로나19로 전 세계의 국경이 봉쇄되었지요. 불과 몇 년 전만 해도 나라간 장벽을 허물고 자유롭게 오가며 교역을 하는 것이 세계인의 공통 지향점이었는데 1년 만에 이렇게 바뀌어 버렸습니다. 세계 각지에서 온 불특정 다수의 사람들이 큰 도시에 모여 접촉하고 교류하는 일이 사라졌습니다. 큰 도시에서 콘퍼런스를 개최해 새 휴대폰이나 자동차를 공개하는 것이 이제는 아주 위험한 일이 되었지요. 세계적으로 국경의 담이 높아지는 것이 보입니다. 유럽 연합에서는 여권 없이 오가는 것을 금지하자는 의견까지 나왔습니다. '백신 여권'이 필요하다는 말도 나오죠.

이제 거리 두기와 모르는 사람에 대한 경계는 세계 전체의 새로운 규범이 되고 있습니다. 헨리 키신저 전 미국 국무 장관은 "세계는 새로운 성벽 사회(walled city)가 될 것"이라고 했습니다. 성벽을 높이 쌓고, 낮에는 신분이 확인된 사람만 출입을 허용했다가 밤이 되면 성문을 닫아 버리는 중세 시대로 돌아가는 것이지요. 담을 쌓아서 쉽게 오가지 못하게 하는 것만이 안전을 확인해 줄 수 있다고 믿게 된 것입니다. 안전이 최고의 가치가 되었습니다.

즐거움을 위한 관광이나 여행은 거의 불가능해졌습니다. 오가는 물자나 사람 속에 보이지 않는 바이러스가 묻어서 들어올 확률을 줄여야 하니까요. 유엔 세계관광기구의 통계에 따르면 2019년 세계 관광객은 14억 6100만여 명이었다고 합니다. 국제청정교통위원회에서는 2018년 비행기 탑승객이 40억여 명이었다고 하지요. 하지만 지금은 많은 여행사가 파산하는 지경입니다. 한국만 해도 외국으로 송출하는 여객기의 99%가 줄었습니다. 새로운 문물을 보며 시야를 넓히고, 호기심을 가지고 낯선 곳을 바라볼 기회가 사라진 것입니다. 낯선 것은 즐거움이 아니라 불안한 것이 되었습니다. 우리는 안전한 집에서 TV로 「걸어서 세계 속으로」나 「세계 테마 기행」을 보면서 "10년 전에 가 봤는데, 다시 갈 수 있을까?"라는 말을 하는 것이 고작입니다.

코로나19가 퍼진 이후 일어난 변화는 여러 가지가 있겠지만, 저는 안전에 대한 확신이 없어진 것이 가장 크다고 생각합니다. 특히 아이를 키우는 부모들에게는 더욱 그렇습니다. 원래도 아이를 키우는 것은 안전과 관련한 일 천지입니다. 별 탈 없이 잘 크기만 바란다고 소원하잖아요. 그런데 코로나19로 안전에 대한 민감도가 더더욱 높아졌습니다. 게다가 바이러스는 보이지 않는 대상입니다. 씽씽 달리는 자동차는 보이면 피하면 되는데, 식당에서 마주친 사람이 바이러스에 감염된 사람인지 아닌지는 도무지 알 수가 없습니다. 안심이 되지 않으니 거리를 두고 접촉을 줄이는 것이 할 수 있는 최선의 대응입니다.

이런 '언택트 사회'는 인간이 수만 년 동안 지켜 온 관습과는 도무지 맞지 않는 딜레마입니다. 오랜 옛날부터 우리 인간들은 맹수들에 비해 훨씬 약하기 때문에 무리를 지어 사는 것이 안전하다고 익혀 왔기 때문이죠.

하지만 이제는 충분한 기간과 거리를 두고 있어도 쉽게 안심이 되지 않습니다. 세상과 인간에 대한 신뢰도가 전반적으로 낮아지는 것입니다. 잘 알던 사람도 믿기 어렵습니다.

그렇게 되면 세상을 보는 눈도 자연히 달라집니다. 새로운 시도를 하지 않고 확실한 것만 추구합니다. 이민, 창업과 같은 모험을 하기보다는 검증된 일을 확실하게 하는 쪽으로, 재미없고 지루하지만 안전한 일을 유지하는 방향으로 사고방식을 바꿉니다. 과감한 시도를 해 보고 싶다는 마음은 실은 사회의 보수적인 규범을 깨고 싶다는 욕구입니다. 이는 경제 활동뿐 아니라 교육 시스템, 양육에 대한 태도, 가족 구성원 사이의 관계에도 적용됩니다.

학력에 대한 공고한 사다리를 거부하고 나만의 방식으로 아이를 키우고 싶다는 마음, 아이와 평등하고 열린 마음으로 지내고 싶은 욕구, 가부장적 대가족주의를 깨는 시도와 같이 얼마 전까지 사회적 응원과 연대의 대상이 되던 일이 이제는 위험을 자초하는 일로 느껴집니다. 그러니 머뭇거리게 됩니다. 안타까운 일이지요. 낯선 영역으로 새로운 길을 뚫는 것은 오래 걸리지만 밀려 내려오는 것은 금방입니다. 실패를 각오하고 '기회와 가능성'에 베팅하는 마음이, 어느덧 '생존과 안전'을 갈망하는 마음과 자리를 맞바꾸고 있습니다. 생명과 안전이 언제나 중요한 가치인 것은 분명해요. 하지만 생명과 안전에 다른 모든 가치가 뒤로 밀려나는 것에 대해서는 한번 생각해 볼 필요가 있습니다.

프라이버시에 대한 관점도 바뀝니다.

"안녕하세요, 고객님. ○○을 마케팅하는 회사입니다. 좋은 기회가 있어서 설명드리려고요."

이런 전화가 오면 퉁명스럽게 대꾸하는 사람이 많습니다.

"제 번호를 어떻게 알았죠? 개인 정보 출처를 밝히세요!"

휴대폰 번호는 이제 주민등록번호만큼 중요한 개인 정보니까요.

1980년대 군부 독재 시기에 자란 세대는 개인 정보와 프라이버시를 존중하는 것, 정부가 불필요한 감시를 못 하게 하는 것을 매우 중시했고, 실제로 수십 년 동안 싸워서 이를 쟁취했습니다. 그런데 지금은 식당에 들어갈 때마다 QR코드를 찍거나 전화번호를 씁니다. 고작 1년 만에 개인 정보를 쉽게 내주게 되었습니다. 확진자의 동선을 신용 카드 사용 내역과 휴대폰 GPS로 추적해 공개하는 것이 당연해졌습니다. 우리가 오랜 시간 싸워서 한 발 한 발 넓혀 온 프라이버시의 외연이, 안전의 확보라는 명분에 단번에 밀려났습니다. 안전에 대해 크게 우려하는 만큼 사회 분위기는 보수화되고, 개인보다 집단이 우선시되고, 새로운 기회에 대한 열린 마음은 줄어들 겁니다. 그런 각자의 마음은, 나의 가치관뿐 아니라 아이를 대하는 마음에도 영향을 미치게 되지요.

불확실성이 만드는 스트레스들

코로나19 시대에 새로운 인사법이 나타났습니다. 주먹끼리 가볍게 부딪치는 것이지요. 전에는 손을 잡고 악수하고 하이 파이브를 하거나, 친한 사이에 오랜만에 만나면 가볍게 껴안기도 했죠. '주먹 인사'는 이보다 더 안전하다고들 생각합니다. 그런데 실은 악수도 원래 신뢰를 확인하기 위해 개발된 인사법입니다.

악수의 시초에 대한 여러 '설'이 있는데 그중 하나가 고대 로마 시대 카이사르 이야기입니다. 율리우스 카이사르가 장군들에게 오른손으로 악수하는 법을 가르쳤다는 겁니다. 칼은 대체로 오른손으로 쥐니까, 내 손이 비어 있고 당신과 싸울 의사가 없다는 것을 먼저 보여 주기 위해 오른손을 잡고 흔들게 했다는 것이죠. 멀리서 손을 흔들면서 다가오는 것 역시 반가움의 표시이기도 하지만, 내게 무기가 없고 싸울 의사가 없다는 것을 나타냅니다. 하이 파이브와 허그도 모두 나는 당신과 맞서지 않겠다는 의사를 표시하는 보디랭귀지입니다. 아이러니하게도 이제는 그런 인사를 하면 안 되게 되었습니다.

스트레스를 높이는 두 가지 요인이 있습니다. 바로 불확실성과 조절 불가능성입니다. 앞날이 불확실하고 모호해서 예측하기 어려울 때, 상황을 조절하거나 해결하지 못한다고 느낄 때 스트레스가 확연히 증가합니다. 스트레스 지수를 높여서 내 몸과 마음이 더 빠르고 강하게 반응하기 위해서입니다. 마치 자동차의 속도를 높이기 위해서 액셀을 밟는 것과 같아요. 액셀을 밟으면 기름이 분출되어 엔진 출력이 올라가면서 힘을 받지요. 문제는 인간은 자동차가 아니라서 밟으면 밟는 대로 끝없이 힘이 강해지지는 않는다는 것입니다. 처음에는 효과가 있지만 한계를 넘어서면 그때부터는 몸에 힘을 내려고 해도 그만큼의 반응이 오지 않고 도리어 출력이 떨어지는 역효과만 납니다. 그것이 우리 몸의 시스템이에요.

코로나19로 앞날을 예측하기 어려워지자 우리 사회의 기본적인 스트레스 지수가 올라갑니다. 우리 몸을 컵이라고 치면 바닥에 20% 정도 코로나 스트레스라는 얼음을 깔고 시작하는 것입니다. 그런데 내가 코로나19를 조절할 방법은 마스크를 쓰고 사회적 거리 두기를 하는 것밖에 없습니다. 배달 음식을 시켜도 얼굴을 마주치지 않고 문 앞에 물건만 놓고 가게 합니다. 불확실성에 이어 조절 불가능성도 증가하는 것이죠.

이런 상황에서 우리는 믿을 만한 사람, 이미 잘 아는 사람에게 더욱 의존합니다. 일을 해도 그런 사람하고만 합니다. 확실하게 검증된 사람에게 일이 몰리고 처음 일을 시작하는 풋내기나, 지역에 최근에 들어온 사람은 기회를 얻기 힘듭니다.

과거에는 내가 풋내기라면 선배를 따라 모임에 참석해서 말석에나마 앉을 수 있었습니다. 이런저런 이야기를 하다가 한마디쯤 거들 수도 있겠죠. 분위기도 파악하고요. 그러다가 시간이 지나 우연히 선배가 바쁠 때 그 일을 대신하거나, 상대가 나를 봐 뒀다가 일을 제안하는 기회를 얻을 수 있었습니다.

하지만 코로나19로 불안이 증가하면서 악수를 해 볼 기회도, 명함을 주고받을 타이밍도 줄어들었습니다. 낯선 사람이나 새내기를 신뢰하고 기회를 주는 데 위험이 따른다고 여깁니다. 이렇게 사람과 사람 사이에도 성벽이 올라갔습니다. 우연과 발견의 기회가 줄어들고, 확실하게 검증된 관계와 사람에게 의존하게 됩니다. 기회의 양극화가 심해지니, 일이 많아진 사람은 많아서 힘들고 기회가 적은 사람은 먹고살기 힘들어져 양쪽 모두 삶의 '긴장감'은 한껏 올라가게 됩니다.

이렇게 사회 전반적으로 개인의 스트레스 지수가 올라가면 불안의 신호가 울립니다. 올라온 불안은 해소되기를 애타게 바랍니다. 스트레스는 감정과 직렬 연결되어 있고 감정은 차오르면 어디론가 흘러가야 합니다. 이 부정적 감정, 분노, 짜증은 어디로 흐를까요?

귀신같이 낮은 곳으로, 내 주변의 약한 사람을 향해 흐릅니다. 사회적으로는 약자에 대한 혐오와 차별이 증가합니다. 백화점, 콜센터의 감정 노동자를 향해 분출하기도 합니다. 공감의 대상인 장애인, 외국인, 소수자를 여유롭게 보지 못합니다. 사람이 바뀌어서가 아니라 내 마음의 여유가 줄어든 탓입니다. 여유가 줄어든 만큼 야박하게 세상을 보고 사람을 대하게 됩니다. 일터에서 누군가 실수라도 하면 쉽사리 짜증을 퍼붓고, 그러고 나면 바로 마음이 아픕니다. 자책하고 후회합니다. 그러니 또 다시 스트레스가 올라갑니다. 이런 악순환에 빠진 채 집에 옵니다. 자, 집에 누가 있죠?

가정에서 가장 약한 존재, 아이들이 기다리고 있습니다. 원격 수업으로 하루 종일 집에 있던 아이들이 놀자고 보채는 것이 즐겁지 않고 짜증이 납니다. 눈에는 거슬리는 것들뿐입니다. 화를 내고 혼을 내는 일이 늘어납니다. 배우자와도 예전 같으면 넘어갔을 일로 언성을 높이는 일이 잦아집니다. "어, 이거 우리 집 이야기네." 하는 분 안 계신가요?

이는 몇몇 사람의 특수한 경우가 아닙니다. 2020년 9월 미국의 「뉴잉글랜드의학저널」이라는 학술지에 실린 자료가 있습니다. 코로나19로 집에서 지내는 시간이 많아지면서 가까운 사람끼리의 폭력이 증가했다는 것입니다. 놀라운 사실은 신고 건수는 도리어 지역에 따라 50%나 줄어들었대요. 집 밖으로 나갈 수 없으니 안전하게 신고할 방법이 없어졌기 때문이지요. 또 아이들이 학교에 가지 못하니 매일 만나서 관찰하는 교사들이 아이들의 학대를 빨리 알아차리지 못하게 된 것도 문제라고 지적합니다. 학교에서 신고당할까 봐 학기 중에 조심하던 부모들이 더욱 마구잡이로 행동할 우려도 있다고 합니다. 물론 이런 극단적인 경우는 아주 일부 가정의 문제겠지요.

하지만 전반적으로 집안의 공기에 긴장이 높아지고 서로 예민해진 것은 분명하고, 부모의 긴장감이 높아지면 그 마지막 종착지는 가정의 최약자인 아이에게 흘러갈 것입니다. 원래 나쁜 부모여서가 결코 아닙니다. 지금의 불확실한 상황 때문에 스트레스가 증가하고, 어디 한 군데 숨통 트일 곳을 찾지 못할 때 그 감정은 결국 어디론가 흘러가게 됩니다. 이런 현상이 지금 우리 사회의 곳곳에서 발생하고 있어요. 다행히 아직은 아니더라도 지금보다 긴장도가 더 올라가면 가까운 미래에 발생할 수 있지요. 내 마음속 불안과 스트레스를 인지하고 나의 감정이 어디로 흘러가는지 주시해야 하는 이유입니다.

단 한 번의 실패도 용납할 수 없어

삶의 불확실성과 조절 불가능성이 커지면 실패에 대한 공포 또한 커집니다.

심한 우울증으로 집중이 안 돼서 공부를 못 한 지 한참 된 데다 학교에 가지 않고 몇 달째 자기 방에만 틀어박힌 십 대 아이가 진료실을 찾아왔습니다. 심지어 최근에는 자해까지 했다고 합니다. 초등학생 때부터 열심히 학원을 다녀서 수학 경시대회나 올림피아드에서 상을 받았고 중학교에 들어가서도 상위권을 유지했다고 합니다. 영재고에 들어가려고 준비하고 있었는데 중학교 3학년 초에 확 퍼져 버린 겁니다. 더 늦게까지, 더 열심히 공부했지만 성적은 계속 떨어졌고 일상생활까지 어려워졌습니다. 이상하게 집중이 되지 않고 성적이 전같이 나오지 않자, 학원을 더 '빡센' 곳으로 옮겼습니다. 처음에는 괜찮아지나 싶었는데 잠시뿐, 전보다 빨리 에너지가 방전되었고 수학뿐 아니라 다른 과목까지 성적이 떨어지더니, 이제는 일상생활마저 안 됩니다. 실망한 아이와 더 좌절한 부모는 서로를 원망하고 한탄하다가 저를 찾아온 것입니다.

저는 아이가 현재 집에 있을 상태가 아니라고 판단하고 입원을 권유했습니다. 가족과 떨어져서 집중 치료를 해야 하는 상황이었습니다.

하지만 부모는 이렇게 말하며 입원을 거부했습니다.

"그러다가 아이가 더 아파하면 어떡하죠?"

"나중에 더 큰 상처가 될까 걱정돼요. 다른 방법이 없을까요?"

안타까웠습니다. 아이의 몸과 마음을 돌보고 상처를 회복해야 하는데도 학교 진도와 취업 걱정이 더 앞서는 상황이지요. 아이가 이렇게까지 힘들어진 것은 첫째, 달리기를 너무 일찍 시작해서 중학교 때 방전되었기 때문이고, 두 번째는 아이가 살면서 아파 보거나 실패를 경험해 보지 못했기 때문입니다. 그래서 아이는 한두 번의 실패에 바로 무너져 버린 것입니다.

부모가 미리 걱정하고 제일 빠르고 넓은 길을 알려 주고 장애물을 치워 주고 그 길을 아이와 함께 달려왔기 때문에, 아이는 쉽게 남들보다 앞서갈 수 있었습니다. 이런 부모를 '헬리콥터 부모'라고 하죠? 우리나라 부모의 문제점이라고 지적합니다. 맞는 말이지만 이는 OECD 국가의 중산층 부모에게 일반적으로 보이는 현상입니다. 미국에서는 '잔디깎이 부모'(lawn mower parent)라고 합니다. 잔디를 깎듯 부모가 앞에서 길을 뚫어 놓고 아이는 꽃길만 걷게 하는 것이죠. 교육 천국이라는 스칸디나비아에도 '컬링 맘(curling mom)'이라는 말이 있습니다. 컬링 경기에서는 스톤 앞의 얼음을 브러시로 열심히 닦아서 스톤이 제일 좋은 자리로 가도록 이끄는데, 이를 아이의 앞길을 닦는 엄마의 모습에 비유한 것입니다.

부모는 왜 이렇게 아이의 모든 것을 관리하며 대신 해결해 주려고 할까요? 부모의 실패 공포 때문입니다. 아이의 실패 공포는 부모의 실패 공포에서 기인합니다. 학년이 올라갈수록 경쟁이 심해지고, 상위권에서는 1~2점 차이로 등수가 갈리고 대학 입시가 결정됩니다. 이럴 때일수록 한 번의 실패나 실수는 치명적일 수 있습니다. 그렇기에 부모의 이런 전략은 일견 합리적으로 보입니다.

하지만 그 과정에서 아이는 지칩니다. 그래서 한번 넘어지면 다시 일어나서 달리기보다는 아예 그 경기를 포기하려고 하지요. 이때 전문가가 아이의 지친 몸과 마음을 점검하고 회복을 위해 치료에 집중하자고 권유하지만, 많은 부모들이 이를 두려워합니다. 아이가 넘어져 있는 순간에도 아이를 지나쳐서 달려가는 다른 아이들이 보이기 때문입니다. 어떻게든 빨리 결승점을 통과하게 하려고 기어이 아이를 일으켜 달리게 하는 경우가 많습니다.

사실 이는 인간의 보편적인 심리라고 할 수 있습니다. 우리의 뇌는 손실과 아픔을 싫어합니다. 이를 피하는 것을 이득과 기쁨보다 우선시합니다. 손실을 인정하는 것, 아픔을 피하는 것이 무척 힘드니 어떻게든 현상을 유지하고 싶어 합니다. 썩은 채로 그냥 두거나, 아픈 채로 낫겠지 하면서 그대로 지켜보고 있다가 문제가 심각해지는 것도 그래서 그렇습니다. 새로운 시도는 미지의 손실에 대한 두려움, 낯선 것에 대한 공포를 불러일으킵니다. 그래서 거부감이 먼저 들고 어떻게든 지금대로 유지하고 싶어 합니다. 이런 편향성을 극복하려면 새로운 시도가 주는 이득과 위험을 분석해 봐야 하는데, 고통에 대한 혐오와 실패에 대한 공포는 냉정한 손익 분석을 회피하게 만듭니다.

문제는 그러다 보면 아이는 넘어지고 다치는 경험을 해 볼 기회를 잃는다는 것입니다. 아이가 위험할까 봐, 다칠까 봐 자전거 보조 바퀴를 떼지 않고 계속 타게 하는 것과 같습니다.

코로나19 시대가 되면서, 가정과 학교에서는 실패에 대한 내성이 더욱 낮아졌습니다. 손실과 아픔을 견디는 능력도 현저히 떨어졌죠. 우리 교육 현실은 코로나19 이전에도 이미 강팍했습니다. 부모와 아이의 팀플레이가 일상화된 상태였지요. 부모가 먼저 알아보고 가장 좋은 길을 찾아내서 알려 주면, 아이는 그 길을 따라 달려갑니다. 이렇게 성공한 아이가 많습니다. '성공'의 측면에서 이 방법은 분명 경쟁력이 있습니다.

문제는 이렇게 하면 아이는 일찍이 해 봤어야 할 작은 실패를 경험하지 못한 채 덩치가 커져 버린다는 것입니다. 더욱이 지금같이 코로나19로 안전이 중요할 때에는 그런 경향이 더욱 강해지고 어두운 그늘도 커질 가능성이 큽니다.

특히 십 대의 경우 일반적으로 실패의 고통을 어른보다 더 크게 느낍니다. 고통은 편도체라는 뇌의 기관에서 느낍니다. 코넬대학교 새클러연구소의 B. J. 케이시와 연구 팀은 8세에서 32세 사이의 참여자에게 공포 자극을 주고 난 후 뇌의 반응을 보았습니다. 아이나 성인에 비해 청소년의 편도체 반응이 훨씬 컸습니다.

그래서 십 대는 감수성이 예민하고 대인 관계도 섬세한데, 이것이 나쁜 방향으로 뻗으면 공포나 불안증이 생깁니다. 활성화된 편도체를 전두엽이 안정화시켜야 하는데 십 대에는 아직 전두엽이 미숙한 경우가 많아서 편도체의 강한 반응을 적절히 제어하지 못합니다. 그래서 십 대에는 싫은 것도 많고 두려움도 많고 나아가 실패에 대한 공포가 큽니다. 그나마 미리미리 예방 주사 맞듯이 실패해 보고 아파 본 아이들은 십 대를 견뎌 내면서 넘어갈 수 있습니다. 하지만 부모가 깔아 준 길만 걷다가 처음 넘어진 아이에게 실패의 고통은, 위에서 이야기한 청소년기 뇌 발달의 불균형으로 인해 어른들이 짐작하는 것보다 훨씬 클 수밖에 없습니다. 한번 아프고 나면 다시 시도할 엄두를 못 내거나 아예 멀리 도망가 근처에도 안 오려고 하는 것을 봅니다. 시키는 대로 잘하면서 모범적으로 지내던 아이가 십 대에 갑자기 돌변할 때는 이런 이유가 큽니다.

또한 이렇게 자란 아이들은 스스로 결정하고 책임지는 것을 배우지 못합니다. 부모의 선한 의도와 불안이 가져온 나쁜 결과입니다. 의존적이고 수동적이며 불안이 많은 어른이 되기 쉽습니다. 미래에 대한 불안은 현재의 행복은 사치라 여기게 만듭니다. 런던 정경대학교의 얀에마뉘엘 드 네브 교수와 워릭대학교의 앤드루 오스왈드 교수는 1만 5000명의 청소년을 10년에 걸쳐 추적했습니다. 십 대와 이십 대 초반에 느낀 긍정적 정서나 자기 만족감은 성인기의 경제적 수입과 연관성이 있었습니다. 반면 십 대 때의 지능, 교육 수준, 신체 건강은 큰 연관성이 없었습니다. 22세에 자신에게 매긴 행복 점수가 1점 높을수록 29세에는 연봉이 2000달러 더 많았습니다.

현재 행복하다고 느낄수록 낙관적으로 생각하며 걱정을 덜 합니다. 그래서 현재 일에 몰두할 수 있었고, 작은 성취에 기쁨을 느끼는 선순환이 가능했습니다. 그렇지만 어릴 때 불안이 높았고 십 대가 즐겁지 않았으면 이십 대 초반의 행복 점수가 높을 수 없고, 교육 수준이 높아도 불안이 크기 때문에 행복을 느끼지 못합니다. 이는 사회적 성취로도 이어지지 못합니다. 불안하고 힘들어도 연봉이라도 높으면 보상이 될 텐데 그것마저도 어려운 것입니다. 물론 높은 연봉을 받기 위해 행복해져야 한다는 뜻은 아닙니다. 이 연구는 무조건적인 교육적 성취가 반드시 바람직한 결과를 낳지는 않는다는 것을 상기시키지요.

코로나19와 같은 위기 상황에서는 낯선 시도와 실패를 최소화하게 되고, 부모들은 더더욱 아이들을 여러 위험과 장애에서 보호하려고 합니다. 그러나 장기적으로 실패에 대한 내성이 낮고 두려움은 커진 정서 상태가 아이들의 기본값이 될까 걱정입니다. 실패는 불가피한 일이고 넘어져도 다시 일어나면 되는데 어느 순간부터 한번 넘어지거나 다치면 경쟁에서 탈락한다는 공포를 가진 사람이 늘어나고 있습니다. 그래서 더욱 작은 생채기도 피하고 싶어지는 악순환이 생깁니다.

어려운 일이죠. 불안은 아이를 위축시키고, 지나친 낙관은 부모를 게으르게 만들어 아이에게 적절한 개입을 하지 못하게 됩니다. 그 사이 어딘가에 있는 것이 제일 좋겠지만, 코로나19와 주변 환경은 불안과 실패 공포를 강화하는 방향으로 우리를 몰고 있는 것만은 분명합니다.

아이를 언제까지
책임질 수 있을까

게다가 코로나19는 부모 개인의 삶 자체도 더욱 불확실한 것으로 만들고 있습니다. 지금은 아이들만 걱정하기에도 머리가 복잡합니다만, 부모들을 둘러싼 환경 또한 안정적이지는 않습니다. 아이들을 지금 잘 돌보고 방향을 잘 잡는 것이 미래를 위해 중요하다는 것은 분명합니다. 그러나 아이들을 돌보고 키우는 부모 본인의 삶이 위태롭거나 흔들거린다면 온전히 아이에게만 에너지를 쏟기 어렵습니다. 지금이 바로 그런 시기입니다. 부모가 예민하고 지치면 여유가 없어지고 아이에게 신경 쓰는 것조차 사치스럽게 느껴질 수 있습니다. 그 정도는 아니라 해도 예민해지고 짜증이 늘어나는 날이 많아지지요.

부모들의 상황을 한번 들여다볼까요? 우선 일하는 부모들은 많은 경우 재택근무가 일상화되었습니다. 그런데 빈 집에서 호젓하게 일할 수가 없습니다. 아이들도 원격 수업으로 집에서 지내거든요. 미취학 아동의 어린이집이나 유치원도 단계에 따라 언제 문을 닫을지 모릅니다. 예전에는 엄마 아빠가 일하러 나가서 아이를 제대로 돌보지 못한다는 미안함이 컸습니다. 지금은 하루 종일 집에서 함께 지내면서 생기는 스트레스를 호소하는 부모가 엄청 많아졌습니다. 좁은 집에서 부대끼며 세끼 밥을 함께 먹고, 집안일도 하면서 동시에 업무는 그대로 해야 합니다. 처음 얼마 동안은 집에서 일하는 게 좋았지만, 이제는 회사 동료들과 점심을 먹으면서 수다 떠는 시간이 아쉽고 회식마저 그리워집니다. 특히 육아와 가사일이 쏠리는 워킹맘들은 왜 나만 이렇게 해야 하는지, 화가 납니다.

재택근무를 하면서 일하는 시간이 줄어든 것도 아니었습니다.

미국의 클라우드 업체 오라클이 11개국 직장인 1만 2000명을 대상으로 재택근무 후 업무량을 설문 조사하니 35%가 매달 40시간 이상 더 일하고, 25%는 과로에 시달린다고 대답했다고 합니다. 이 조사에 참여한 한국인이 1000명 정도인데 재택근무를 선호하냐는 질문에 겨우 40%만 그렇다고 대답했습니다. 전체 평균은 62%였습니다.

얼굴 보고 이야기하면 5분이면 끝날 일로, 여러 군데에서 동시다발적으로 엄청나게 메시지가 오갑니다. 오히려 지나친 소통이 일어납니다. 모두 모여서 회의를 하려면 일주일에 한 번 잡는 것도 조심스러운데, 온라인에 모두 접속해 있으니 윗사람이 툭하면 화상 회의를 잡습니다. 소란스러운 집에서 아이들 조용히 시키고 회의에 참여하는 것도 큰 스트레스입니다. 회사는 근태 관리를 위해 제대로 자리를 지키고 있는지 모니터하는데 그러다 보니 쓰레기 버리러 잠시 자리를 비운 것이 문제가 되기도 합니다. 낯선 근무 환경이 만든 부작용들입니다. 재택근무 자체가 나쁘다는 것이 아니라 새로운 환경에 적응하는 과정에서 스트레스가 없을 수 없습니다.

이런 현 상태를 염두에 두고 조금 거시적으로 사회를 돌아보겠습니다. 코로나19로 경기가 급격히 악화되자 경기를 부양하기 위해 전 세계적으로 금리를 낮추고 돈을 찍어 내는 양적 완화를 실시했습니다. 우리나라도 예외는 아니었습니다. 돈이 잘 돌아야 망하는 회사가 줄어들어 실업자가 줄고 새로운 창업도 할 수 있습니다. 그리고 돈이 있어야 소비도 유지되고요. 금리가 낮으니 필요할 때 돈을 빌리는 부담도 많이 적어졌습니다.

그런데 창업, 일자리 증가, 경제 활성화는 더디고 눈에 들어오지 않는데, 낮은 금리를 이용한 발 빠른 자산 투자로 큰 이득을 보는 사람은 늘고 있습니다. 부동산과 주식 이야기입니다. 저금리를 바탕으로 위험을 안고 과감하게 투자를 한 사람들이 있습니다. 연 1%대 이자니까 그 이상만 벌면 된다는 마음으로 투자를 하고, 그런 사람이 늘어나니 주식과 부동산은 호조를 보여 일부는 빠른 시기에 자산이 크게 늘어납니다. 위기를 기회로 잡은 이들이죠. 불황기에는 양적 완화가 실업을 막아 주기도 하지만 그보다 양극화가 먼저 발생합니다. 빈부 격차가 커집니다. 상대적 박탈감을 느끼는 부모가 많아집니다. 타이밍을 놓치고 이제는 쫓아가기 어렵다고 여겨 분노와 허탈감이 커집니다. 미래에 대한 불안은 더 커지죠.

거기에 마음이 조급해질 일이 하나 더 있습니다. 부모들의 은퇴는 빨라지는데 더 오래 살아야 한다는 것입니다. 아이 키우는 일을 최대한 빨리 끝낼 필요가 있기에 마음이 조급해집니다. 이는 코로나19로 생긴 새로운 현상은 아니지만, 코로나19 때문에 그 무게감이 한층 더해지고 있습니다.

제가 최근 몇 년 사이에 느끼는 큰 변화가 재수에 대한 입장 차이였습니다. 전에는 부모가 무조건 시키고 싶어 했습니다. 1년 더 하면 확실히 성적이 오르고 아이의 대학이 평생을 좌우한다고 믿었습니다. 아이가 손사래를 쳐도 부모가 학원에 밀어 넣고는 했죠. 그 문제로 갈등이 생겨 마음 고생하는 부모나 아이가 진료실을 찾는 일이 흔했습니다.

그런데 지금은 살짝 변화가 보입니다. 고등학교 1~2학년 때 방황을 하다가 3학년에 마음을 다잡고 1년 바짝 열심히 공부한 아이가 있었습니다. 아무래도 미흡했죠. 아이는 제대로 재수 종합반이나 기숙 학원에 들어가고 싶다고 제게 상담을 했습니다. 저도 아이의 마음가짐이 반가웠습니다. 문제는 부모의 반대가 있었다는 것입니다. 특히 아버지가 단호했습니다. 1년 더 한다고 아주 좋은 대학에 들어갈 수 있다는 보장도 없는데 재수 비용이 만만치 않다는 것입니다. 아쉬운 마음에 더 물어보니, 퇴직이 얼마 남지 않은 50대 초반이라 어떻게든 재직 중에 대학을 졸업시키고 싶은 것이었습니다. 충분히 이해가 가더군요.

돌이켜 보니 조기 유학을 보내는 일도 많이 줄어들었습니다. 부모의 미래를 '파먹어서' 아이의 교육에 '올인'하는 투자가 그동안은 부정할 수 없는 진리였는데 어느새 망설여지는, '가성비'가 많이 떨어지는 투자가 되었습니다. 이럴 때는 잠시 멈춰서 큰 윤곽을 그려 볼 필요가 있습니다.

지금 부모 세대는 늦게 일을 시작해서 늦게 아이를 낳고, 빨리 퇴직하고 오래 살아야 합니다. 통계청 조사를 보면 2019년 초혼 평균 나이는 남자 33.4세, 여자 30.6세로 모두 30대를 넘겼습니다. 결혼

1년 후에 첫아이를 바로 낳는다고 가정해 봅시다. 대기업 기준 퇴직 평균 연령은 53세 정도입니다. 그러면 아빠가 34세에 낳은 첫아이가 딱 대학 들어갈 때쯤 퇴직하는 셈입니다. 저희 부모 세대가 25세에 첫아이를 낳아서 60세까지는 회사를 다니시던 것과 비교해 보세요. 그때는 50세가 되면 아이가 대학을 졸업하고, 두 세대가 10년은 함께 돈을 벌었습니다. 더욱이 60세 은퇴 후에 70세 정도까지 사시다가 돌아가셨습니다.

그에 반해 「2019년 생명표」에 따르면, 2019년에 태어난 한국인의 기대 수명은 남자 80.3세, 여자 86.3세입니다. 고려대학교 통계학과 박유성 교수의 분석에 따르면 현재 40세인 남자 그룹의 절반이 살아 있을 나이가 92세(50.2%)였고, 이는 통계청이 추산한 40세 남자의 기대 여명 81.3세보다 12세나 많습니다. 50세 여자의 경우 49.9%가 93세까지 산다고 합니다. 50대 초반에 은퇴하고 40년을 더 살아야 하는 것이죠. 그때까지 살 것도 준비해야 하는 것이 지금 아이를 키우는 부모의 현실입니다.

한 가지만 더 이야기할까요? 지금 이 책을 읽는 부모의 각자 부모, 즉 아이의 할아버지 할머니도 아주 오래 사실 것입니다. 그래서 그 분들을 부양하는 것도 생각해야 합니다. 일본에서 나온 노노개호(老老介護)라는 말이 있습니다. 노인이 노인을 돌보고 수발든다는 뜻입니다. 저도 병원에서 일하다 보면 60대 자식이 90대 치매 부모를 모시고 오는 일이 점점 많이 보입니다. 아이만 생각하고 있을 때가 아닌 것입니다.

지금의 나는 겨우겨우 살아가고 있는데, 주변 환경은 아주 빨리 바뀌고 있습니다. 좀 여유가 있어야 주변을 둘러보고 생각도 해 볼 수 있는데 그럴 겨를이 없습니다. 뭔가 일어나는 것 같아 조바심은 나는데 닥친 일들에 대응하는 것만도 벅찹니다. 이것이 코로나19 시대를 지나는 부모들의 마음의 현실이고 불안의 실체 중 하나입니다.

2장

온라인 수업이 채워 주지 못하는 마음의 빈틈

학교를 가지 못하면 아이의 '마음 발달'에는 어떤 빈틈이 생길까요? 흔히 학업의 공백을 걱정하지만 저는 마음의 공백에 더욱 신경 써야 한다고 생각합니다. 다른 불안들이 다소 막연하고 추상적이라면, 이에 대한 불안은 실체가 있는 걱정이자 부모가 대응해야 할 사안이라고 할 수 있습니다. 2장에서는 온라인 수업이 일상화되면서 아이들의 마음에 부족해진 것은 없는지, 그 마음 발달의 문제를 다루어 봅니다.

학교라는 리얼리티를
경험하지 못하면

코로나19로 가장 크게 바뀐 것 중 하나가 아이들의 등교가 중지되고 학교 수업이 온라인으로 대체된 것입니다. 그것도 천천히 준비하면서 대체된 것이 아니라, 학교도 학생도 부모도 준비를 하지 못한 채 몇 주 만에 황급히 온라인 수업이 시작되어 버렸습니다. 이러한 상황은 2020년부터 1년 넘게 지속되고 있습니다. 그나마 교차 등교를 하는 곳도 있지만 방역 단계에 따라 등교 인원은 고무줄 같습니다.

이런 상황 때문에 특히 어려움을 겪은 아이들은 초·중·고에 새로 입학한 1학년들이었습니다. 교육부의 교육통계서비스에 따르면 2020년도 1학년 학생은 134만 7085명으로 전체 학생(534만 6874명)의 25.2%에 달합니다. 그만큼 많은 학생이 새로 진학한 학교에서 혼란을 경험한 것이지요. 2020년 2학기부터 초등학교 1학년의 등교를 최우선으로 하는 정책이 시작된 것은 교육 당국이 이 문제의 심각성을 인식한 것이라고 할 수 있습니다. 1학년이 아니라 해도 학교에 적을 둔 모든 학생은 지금 혼란스럽습니다. 학교의 전통적 기능 중 학습은 온라인으로 대체되면서 그나마 보전되고 있지만 학교의 다른 기능들은 생각할 겨를도 없이 맨 뒤로 몰린 상황이 1년 이상 지속되면서 그 부작용이 확연히 드러나기 시작했습니다.

코로나19는 학교의 온전한 기능이 무엇인지 점검할 기회가 되었습니다. 학교는 공부만 하는 곳이 아니었습니다. 하나하나 손으로 꼽아 보니 학교가 하는 기능이 참 많았습니다. 일단 학교에 가면 마음에 내재된 시계가 작동합니다. 같은 시간에 등교하고, 수업 시간에 앉아 있고, 쉬는 시간에는 친구들과 떠들 수 있습니다. 점심시간이 되면 배가 고파지고 친구들과 함께 밥을 먹습니다. 밤에 잠이 안 와도 내일 학교에 가려면 잠을 자야 합니다. 또한 학교는 낮 시간에 아이들을 안전하게 보호해 줍니다. 잠자는 시간을 뺀다면 집보다 더 많은 시간을 보내는 곳이 학교입니다. 매일 시간에 맞춰 가는 안전한 공간이 있다는 것, 친구들을 만날 수 있다는 것, 부모는 아니지만 부모처럼 권위를 가진 선생님이 있다는 것은 아이들에게 심리적 안정감을 줍니다.

기본적으로 학교와 선생님은 아이들을 환대하고, 아이들은 학교에서 보호와 친절을 경험합니다. 어떨 때는 힘든 가정보다 학교가 낫고, 정글 같은 사회에 던져지는 것과 비교하면 학교만 한 곳이 없습니다. 이곳에서 아이들은 자신이 대접받은 만큼 세상에 대한 신뢰를 형성하게 됩니다. 학교 문이 닫히면서 아이들은 이러한 공간을 잃었습니다. 학교의 보육 기능과 사회화 기능이 생각보다 컸다는 것, 학교라는 물리적 공간이 갖는 힘이 이토록 컸다는 것을 교문이 닫힌

1년을 보내면서 뼈저리게 느낍니다. 없어 봐야 존재의 소중함을 느낀다는 상투적 표현이 여기에서만큼은 정확한 비유입니다.

아이들에게 실물, 현실 공간에의 접촉은 필수적입니다. 온라인, 더 나아가 버추얼 리얼리티로 구현한다 해도 그것은 재현물에 지나지 않습니다. 사이버가 아닌, 물리적으로 확보된 공간에서 아이들은 모여서 놀고 공부하고 떠들고 또 혼도 나고 괴롭힘도 살짝 당하면서 경험을 쌓아 갑니다. 지식을 쌓는 것 이상으로 중요한 것이 바로 경험의 축적입니다. 학교는 사회에 나가기 전에 인큐베이션을 하는 곳입니다. 그 안에서 묘목이 튼튼하게 자라야 밖으로 나와서도 쓰러지지 않고 땅에 뿌리를 깊이 내릴 수 있습니다.

정신과 의사의 관점에서 볼 때 학교의 가장 큰 기능은 사회화입니다. 취학 연령에 대한 논쟁에서도, 사회화를 받아들일 수 있는 정신 발달 수준이 중요한 논거 중 하나로 제시되지요. 초등학교 입학을 8세에 하는 이유는, 8세 정도는 되어야 사회화를 받아들일 수 있는 수준의 정신 발달이 되기 때문입니다. 초등학교에서는 수업 종이 울리면 자리에 앉고 쉬는 시간 종이 울리면 화장실에 가는 것, 함께 단체 생활을 할 때 해도 되는 것과 안 되는 것 같은 아주 기초적인 사회 규칙을 배웁니다. 중학교에 가고, 고등학교에 가면 또 그 레벨에 따른 사회화의 기초를 습득합니다. 코로나19 시대의 아이들에게는 그 기회가 사라진 것입니다.

또 학교는 친구를 사귀고 사회적 관계를 맺는 법을 배우는 곳입니다. 그런데 학교에 가지 않으니 친구를 사귀고 놀 수 없습니다. 코로나19 이전에도 아이들이 바쁜 학원 스케줄 때문에 친구들과 놀 시간이 부족하다는 문제는 계속 제기되었지만, 그래도 학교 쉬는 시간에, 학원에서 짧게 짧게 친구들과 놀 수 있었어요. 그러나 코로나19 이후에는 친구들을 아예 만날 수가 없습니다. 놀이터도 가지 못하죠. 등교를 하더라도 이전같이 뛰어놀지는 못합니다. 초등학생들이 주로 하는 놀이는 신체 접촉을 동반합니다. 하지만 술래잡기, 다방구, 축구 등 신체 활동이 주는 즐거움이 사라지고, 신체 접촉을 하면서 얻는 여러 장점을 잃고 있습니다.

앞서도 이야기했듯이 아이들은 학교를 못 가게 되면서 친구 관계에 대한 불안이 커졌습니다. 『중앙일보』에서는 2020년 10월에 1학년들에게 반 친구 이름을 얼마나 아는지 물었습니다. 1학기도 아니고 2학기에 한 조사였는데도 초1 학생의 절반이 넘는 57%가 이름을 아는 친구가 5명 이하라고 대답했습니다. 아이들은 친구들을 못 만나는 것을 가장 두려워합니다. 친구들에게 잊힐까 봐 걱정합니다. 몇 명의 탄탄한 관계를 가진 아이들은 그나마 괜찮지만, 예민하고 소극적이라 먼저 다가가지 못하는데 친구에 대한 욕구는 강한 아이들의 경우에는 문제가 심각합니다.

아이들에게 중요한 또 다른 관계는 선생님입니다. 선생님은 부모가 아닌 어른 중에 가장 영향력이 큰 존재입니다. 선생님과 좋은 관계를 맺는 것은 그 무엇과 비교하기 힘든 소중한 경험입니다. 특히

나 학교 적응을 처음 하는 각급 학교의 1학년에게는 더욱 중요할 텐데, 선생님과 통화는 해 보았지만 직접 생활하면서 상호 작용을 하지 못하니 그 역시 한계가 있습니다. 선생님도 얼굴을 본 적 없는 아이들에게 갖는 애착이 아무래도 다를 수밖에 없을 것이고요.

무척 안타까운 것은 중요한 시기별 의례와 행사들이 사라진 것입니다. 마치 단조로운 농경 사회에서 24절기를 통해 생활의 리듬을 만들듯이, 학교에서는 여러 행사들을 통해 공통의 리듬을 만듭니다. 운동회, 축제, 입학식과 졸업식, 학급 총회, 회장 선거, 수학여행 등의 행사들 말입니다. 전에는 귀찮고 피하고 싶은 일들이기도 했습니다. 공부에 도움은 안 되고, 준비하는 데 시간도 에너지도 많이 든다는 이유로요. 하지만 이러한 행사들은 기억의 '핀 포인트'가 됩니다. 마치 앨범에 꽂힌 중요한 사진 같은 역할을 하지요. 나중에 돌이켜 보면 학교생활의 큰 추억이자 기억의 이정표가 됩니다. 그런데 2020년에는 아이들이 그 기억의 포인트를 잃었습니다. 나중에 이 시기가 어떻게 추억될지 아쉽습니다.

2020년에 온라인 수업을 시작하면서 우리는 학교의 첫 번째 기능, 즉 교육에서 '정규 커리큘럼을 이수하는 것'에만 집중했습니다. 학교에 이렇게 많은 기능이 있다는 것을 놓치고 있었습니다. 이제부터라도 없어서는 안 될 학교의 필수 기능이 무엇인지 점검하고 보충해야 합니다.

외적 동기 부여가
부족해

“아영이는 그림 마무리를 꼼꼼하게 하는구나.”

“선우는 글씨를 또박또박 쓰네.”

어릴수록 선생님의 작은 칭찬은 큰 힘이 됩니다. 무엇 하나 제대로 하지 못하는 것 같아 무력하고, 좋지 않은 환경에서 자라면서 자존감이 바닥을 칠 때 교실에서 선생님이 툭 하고 던진 북돋움과 관심이 삶과 진로 결정에 중요한 역할을 할 수 있습니다. 그런데 온라인 수업이 일상화되면서 이런 칭찬에 공백이 생겼습니다.

칭찬은 동기 부여의 중요한 원천입니다. 특히 초등학교 저학년일수록 그 역할이 큽니다. 1968년 하버드대학의 교육심리학자 로버트 로젠탈과 레노어 제이콥슨 등이 초등학생 1~5학년을 대상으로 이런 실험을 했습니다. 먼저 아이들의 지능을 검사했습니다. 그리고 새 학기를 시작하면서 지능 검사 결과와 상관없이 20% 정도의 학생을 무작위로 선정해서, 담임 선생님에게 이들이 지능이 빨리 성장할 재능이 있는 아이들이라고 보고했습니다. 8개월 후에 다시 아이들의 지능을 검사했습니다. 그랬더니 실제로 지능이 빨리 성장할 것이라 예측된 아이들뿐 아니라 선생님에게 무작위로 통보된 아이들 중 저학년들의 아이큐가 25 이상 향상되었습니다. 그래서 교실에서 학생과 선생님의 상호 관계를 보니, 지능 향상이 예상된다고 보고받은 아이들을 볼 때 선생님이 눈을 더 자주 마주치고 관심을 가져 주고 작은 칭찬을 하는 것이 보였습니다.

이를 피그말리온 효과라고 합니다. 긍정적 기대가 엄청난 효과를 가져온 것입니다. 관심을 가진 만큼 아이들은 변합니다. 재미있게도 이 연구에서 초등학교 고학년은 선생님의 관심과 상관없이 지능 발달에 차이가 나지 않았습니다. 그만큼 저학년에서는 선생님의 작은 칭찬이나 관심이 큰 영향을 주는 것입니다.

선생님의 칭찬뿐 아니라 교실에서의 분위기도 외적 동기 부여를 합니다. 친구들과 경쟁하고, 더 손을 들고 싶고, 대답하고 싶고, 내 옆자리 아이보다 조금이라도 잘하고 싶은 마음이 생깁니다. 그것이 동기를 만듭니다. 지기 싫어하는 아이일수록 부러움은 부드러운 자극이 됩니다. 온라인에서 다른 아이들이 뭘 하는지 모른 채 공부하는 것보다 교실에서 함께할 때 동기 부여가 잘될 수밖에 없습니다. 고속도로를 운전하고 갈 때에도 옆에 지나가는 차와 비교하는 것이 그냥 내 계기판만 보면서 속도를 파악하는 것보다 도움이 됩니다.

학교가 아이들의 외적 동기 부여에 영향을 주는 이유는 또 있습니다. 학교에 가면 친구의 관심사가 보입니다. 야구를 좋아하는 아이, 아이돌을 좋아하는 아이, 새로 나온 장난감을 가져와서 자랑하는 아이, 예쁜 옷을 입고 온 아이까지 다양합니다. 친구들이 말하는 내용을 듣다 보면 자신이 몰랐던 것이 궁금해집니다. 한마디로 호기심이 발동합니다. 참 중요한 일입니다. 집에서는 몇몇 가족들의 이야기를 들을 뿐이지만, 학교에서는 수십 명의 친구들이 와글와글 각기 자기 집에서 가져온 것, 각자 알고 있는 일들을 떠듭니다. 호기심이 왕성한 나이에는 더욱 눈에 불이 켜집니다. 실제로도 호기심은 뇌의 도파민과 관련된 영역을 활성화하고 연결망을 자극해서, 학습한 정보를 깊이 있게 이해하고 오래 기억하게 합니다. 기억을 보관하는 해마라는 뇌 조직에 기억이 오래 보관되고, 보상 회로를 자극해서 열심히 알고자 하는 동기가 더욱더 강화됩니다. 그래서 호기심이 자극되는 것은 여러모로 필요합니다.

그런데 집에서만 지내니 호기심을 자극받을 기회가 많이 줄어들었습니다. 여러모로 뭔가를 하고 싶다는 동기 부여를 받을 기회가 많이 줄고, 이는 특히 초등학교 저학년 아이들에게는 큰 타격일 것으로 보입니다.

물론 자기가 하고 싶어서 하는 내적 동기가 중요하고, 자기 주도적 학습이 가장 이상적이기는 합니다. 그러나 이는 아주 일부의 아이들에게 가능합니다. 더욱이 초등학교 저학년에서는 부모나 선생님의 적극적인 챙김과 관리 감독, 칭찬과 적당한 채찍질 같은 외적 동기 부여가 필요합니다. 스스로 공부할 때까지 기다리겠다는 부모의 마음은 좋지만 지금과 같은 비정상적인 상황에서는 부모의 관심과 확인이 더욱 필요합니다. 확인하고 지켜보고 시간을 관리해 주어야 합니다. 학교가 해 주던 일의 상당수가 부모에게 넘어간 셈입니다.

외적 동기 부여가 부족한 상황에서는 성실함도 혼자 갖추기 어렵습니다. 부모의 다그침만으로는 한계가 있습니다. 원래 잘할 만한 기질을 타고난 아이라도 언제나 덜 하고 싶은 것은 사람의 본성입니다. 가장 좋은 자극은 열심히 하는 다른 아이를 보고 따라하는 것, 또 학교라는 공간에서 반쯤 억지로 앉아서 왜 하는지는 모르겠지만 집단이 함께하니까 같이 하다 보니 저절로 느는 것입니다. 단체로 달리면 달리기를 잘 못하던 사람도 더 멀리 더 빨리 갈 수 있는 이치와 같습니다. 성실함이라는 성격 요인이 갖춰지는 길입니다. 이는 나중에 싫은 것도 참고 할 수 있는 힘, 덜 질리는 힘이 됩니다. 이런 힘은 특히 성인이 된 후 중요한데, 학교가 좋은 훈련 기회를 제공합니다. 그런데 요즘 학교라는 공간의 부재는 성실함을 내재화할 기회와 시간을 공란으로 두고 있습니다.

공감 능력은
어디서 키우지?

비슷한 상황에서 부족해지기 쉬운 것이 또 하나 있습니다. 공감 능력입니다. 공감 능력은 3세쯤부터 자연스럽게 발달하는 것으로, 타인의 마음을 내가 상상해서 그려 보고 느끼는 능력입니다. 그래서 마음 이론(theory of mind)이라고 하고, 이 능력이 발달하지 못하는 병이 자폐증입니다. 자폐증이 아니라 해도 공감 능력은 지능 지수같이 정규 분포 곡선을 그리기 때문에 공감 능력이 탁월한 사람이 있는가 하면, 제대로 북돋고 교육하지 않으면 평균 이하에 머무는 사람도 많이 있습니다.

예전에는 공감 능력을 따로 가르치지 않아도 사회에서 충분히 배울 기회가 있었습니다. 동네에서 친구들과 어울리며 배우거나, 대가족 공동체 안에서 삼촌, 사촌 들과 어울리면서 자연스럽게 익혔습니다. 그런데 핵가족화가 급격히 진행되면서 아이들이 공감 능력을 키울 기회가 줄어들었습니다. 집에 돌아오면 전에는 반겨 주는 할머니, 삼촌, 이모가 있었는데 요즘은 많아야 4인 정도의 단출한 가정이 전부입니다. 부모가 맞벌이일 경우 아이 혼자 집에서 부모를 기다리는 일도 많아졌습니다. 식탁 머리에 앉아서 지겹지만 잘 이해하기 어려운 어른들의 이야기를 들으면서 눈동냥, 귀동냥으로 배우던 세상의 이치를 익힐 기회가 없어졌습니다.

요즘 아이들은 공감 능력을 주로 학교에서 배웁니다. 학교에서 남을 배려하고 존중하는 법을 배우고, 친구들과 놀고 싸우면서 남의 감정을 이해하게 됩니다. 학교라는 공간이 있어 아이들은 관계를 맺으며 공감 능력을 키웁니다. 물론 학교도 한계는 있습니다. 학습 스케줄이 점점 빡빡해져서 아이들은 학교가 끝나면 운동장에서 노는 대신 뿔뿔이 학원으로 흩어졌지요. 그렇게 챙긴 나머지 시간은 온전히 선행 학습과 교과목 보충에 '투자'됩니다. 이런 아슬아슬한 상황이었는데 코로나19는 여기에 결정타를 날렸습니다.

아이들은 이제 어쩌다 길에서 친구를 만나도 마스크를 쓴 채 짧게 용건만 말합니다. 부딪치고 갈등이 생길 기회조차 없습니다. 친구와 다툼이 생기면 내가 뭘 잘못했는지, 저 친구는 얼마나 힘들고 불편할지 고민을 할 수 있는데 그러지를 못합니다. 쓸데없는 만남은 해서는 안 되고, 친구 집에 가서 뒹굴거리는 것도 하기 어려워졌습니다. 놀이터나 빈 교실에서 빈둥거리는 것은 어른들이 질색합니다. 그러니 나 말고 다른 사람의 입장에서 생각하고 느껴 보는 공감 능력은 온전히 발달하기 힘든 상황입니다. 지금 당장은 그 결과가 뚜렷이 보이지 않지만 앞으로 4~5년이 지난 후에 아이들이 어떤 십 대와 이십 대로 자랄지 걱정입니다.

마스크 때문에 감정 읽기가 힘들어지면

쓰레기를 버리러 가려고 엘리베이터를 기다리다가도 '아차!' 하고 다시 돌아옵니다. 마스크를 쓰지 않았거든요. 마스크는 이제 일상의 에티켓이 되었습니다. 진료실에서도 마스크를 쓰고 진료를 한 지

오래되었습니다.

얼마 전에 3년 만에 찾아온 환자가 있었습니다. 진료 기록을 보니 얼추 알겠는데 마스크를 쓰고 있으니 도저히 이름만으로는 얼굴이 떠오르지 않더군요. 그래서 마스크를 살짝 벗어 달라고 부탁드렸습니다. 얼굴을 보니 그제야 '아하.' 하고 생각이 나더라고요.

그러고 보니 2020년 한 해 동안 환자들의 마스크 벗은 얼굴을 본 적이 없었습니다. 어쩐지 뭔가 미진했어요. 저는 몸을 만지는 진찰은 하지 않고 얼굴을 보고 이야기하면서 진단을 하고 처방을 내립니다. 그런데 얼굴의 70%가 가려진 채로 마주 보고 있으니 표정의 변화를 읽을 수 없었습니다. 마스크를 쓰고 말을 해야 해서 답답하다는 것과는 전혀 다른 방향의 난제가 발생한 것입니다. 어떤 분들과는 소통에 무리가 없습니다. 음성도 또렷하고 말도 조리 있게 하니까요. 또 적절한 손짓이나 몸짓으로 추임새를 넣습니다. 하지만 확실히 어떤 사람을 만날 때에는 답답합니다. 특히 처음 만나는 분들이 그렇습니다. 힘들고 고통스러운 점을 이야기하지만 저에게 충분히 전해지지 않습니다. 기쁜 일에 대해서도 밋밋하게 느껴집니다.

이는 정신과 의사의 일만이 아닐 것입니다. 일상의 소통에서도 마스크를 쓰고 있다면 많은 것을 놓치게 됩니다.

무엇보다 입을 보지 못하는 것이 가장 문제입니다. 「쇼미더머니」라는 TV 프로그램을 가끔 봅니다. 진짜 빠르게 랩을 쏟아 내죠. 참 잘하는 래퍼가 있어서 인터넷에서 전체 영상을 찾아보았습니다. 마스크를 쓰고 하는 것도 아닌데, 자막이 없으니 하나도 못 알아듣겠더군요. 이는 귀보다 눈이 훨씬 정확하고 빠르게 의미를 전달하기 때문입니다. 맥거크 효과(McGurk effect)라고 하죠.

화면에서 입 모양을 '바'로 하면 실제 소리는 '다'라고 나와도 우리는 '바'로 인식합니다. 눈으로 보이는 입 모양이 실제 들리는 것에 우선하는 것이지요. 시각 정보가 청각 정보보다 빨리 들어오기 때문에 빨리 해석됩니다. 그래서 청각장애인들은 타인의 얼굴을 직접 볼 때와, 얼굴을 약간 비끼거나 보지 못한 채 이야기를 할 때 이해도에서 큰 차이가 납니다.

침팬지와 인간의 유전자 차이는 2%도 안 나는데 인간은 엄청난 발전을 했습니다. 진화학자들은 침팬지와 인간의 작은 차이 중 하나가 얼굴에 털의 유무라고 말하기도 합니다. 인간은 얼굴의 민낯이 많이 드러나 표정을 읽을 수 있는 만큼 다양하고 미묘한 감정의 차이가 만들어졌기 때문이라는 것이지요.

그렇다면 감정에 따라 눈, 코, 입 등 각 부위가 담당하는 영역이 다를까요? 얼굴을 볼 때 시선이 어디에 많이 머무르는지 관찰할 수 있는 '아이 트래킹' 기법을 이용해서 조사해 보았습니다. 이때 폴 에크만이라는 학자가 만든 여섯 가지 공통 감정을 이용했죠. 분석을 해보니 눈은 주로 중립, 분노, 공포, 슬픔을, 입은 즐거움과 혐오를 관찰할 때 시선이 오래 머물렀습니다. 그래서 마스크를 쓰고 사람을 만나면 그 사람이 즐거워하거나 혐오하는 감정을 잘 읽지 못하는 것입니다. 반면 화가 나거나 무서워하는 것, 슬퍼하는 것은 비교적 쉽게 알아차릴 수 있습니다.

이런 상황을 상상해 볼까요? 대화를 하는 중에 기분이 나쁠 만한 이야기를 하면 바로 "야, 그런 말 하지 마. 싫어."라고 말을 하는 친구도 있겠지만 수줍은 아이라면 입 모양을 살짝 실룩하거나 "윽." 하는 모양으로 바꾸는 것으로 감정을 표현합니다. 상대가 내 혐오감이나 불쾌감을 인식하고 거두기를 바라는 것이죠. 그게 부드럽고 자연스러운 상호 작용이기도 하니까요. 그것을 잘하는 사람이 지금까지는 소통을 잘하는 사람이었습니다. 하지만 마스크를 쓰고 있으면 그러한 소통은 힘들 수밖에 없죠.

어쩔 수 없이 마스크를 쓰고 있는 동안은 결국 눈으로 많은 것을 읽게 됩니다. 다행인 것은 동양인이 서양인에 비해 눈 위주로 감정을 읽는 데 익숙하다는 것입니다. 역시 아이 트래킹 기법을 이용해서 국가별로 감정을 읽을 때 주로 얼굴의 어느 부분을 보는지 연구했더니 동양인은 주로 눈을 많이 보고, 서양인은 눈뿐만 아니라 얼굴 전체에 골고루 시선이 머물렀습니다. 돌이켜 보니 미국에서 마스크를 쓰는 데 그렇게 저항이 컸던 것은 우리에 비해 감정을 읽는 데 불편함을 크게 느꼈기 때문이 아닐까 하는 생각도 듭니다.

최근 독일 밤베르크대학의 클라우스 크리스티안 카르본 교수가 여기에 착안해서 마스크가 표정을 읽는 능력에 정말 혼란을 주는지 확인해 보았습니다. 같은 사람의 여섯 가지 표정을 마스크를 쓴 것과 아닌 것으로 비교해 읽게 했더니 확실히 혐오, 분노, 슬픔, 행복은 마스크를 썼을 때 오답이 많았습니다.

어른도 이럴진대 대화나 관계에 서투른 아이들은 오죽할까요. 새로운 사람은 물론이고 예전에 알고 지내던 사람과의 관계도 조금씩 어려워집니다. 상대가 만족할 때, 혹은 부담스러워하며 "쟤 왜 저래?" 하는 인상을 받을 때 재빠르게 알아차리고 부드럽게 전환할 기회를 놓치기 쉽습니다. 가뜩이나 자기중심적인 상태인 초등학생 수준에서는 말은 길어지고 언성은 높아지나 감정은 이미 상할 대로 상하게 되는 것이지요.

이제 갓 초등학교에 입학한 1학년은 더 힘듭니다. 이 아이들은 처음부터 마스크를 쓰고 친구를 만납니다. 얼굴을 아는 친구들이 손에 꼽힐 정도입니다. 처음 만난 담임 선생님과도 적절한 상호 관계를 맺기가 어렵습니다. 다른 학년 아이들도 신학기에 새 친구를 사귈 때 친구의 얼굴을 온전히 다 보지 못한 채 대화를 합니다. 아이들의 머릿속에는 친구의 마스크를 쓴 얼굴만 입력되어 있습니다. 이것은 어떤 영향을 미치게 될까요?

물론 여기에는 개인차도 있습니다. 성격이 예민한 사람일수록 눈을 많이 본다고 합니다. 상대의 공포와 분노를 빨리 인식해서 피해야 할지 맞서 싸워야 할지 판단하려고요. 그러니 예민한 아이들은 더욱 예민해질 수밖에 없습니다. 마스크를 쓰고 들어온 낯선 사람을 보면 두려움이 생기는 것은, 범죄자들이 얼굴을 가리기 위해 마스크를 쓴 걸 보아 온 학습 효과 때문이기도 하지만, 이렇게 강렬한 눈빛에 대한 공포가 큰 사람들의 특성이기도 합니다.

물론 예민한 면이 많아서 누가 나를 어떻게 보는지 너무 신경 쓰는 아이들에게는 마스크가 자신의 감정을 감추는 방어물이 되기도 합니다. 그러나 내가 방어가 되는 만큼 나도 남의 감정을 읽거나 느끼지 못하니 그 역시 좋은 일은 아닐 것입니다.

분명한 것은 마스크가 일상이 되면서 아이들이 타인과 소통하는 방법을 배우는 것이 어려워졌다는 것입니다. 이제 처음 관계의 폭을 넓혀 나가는 것을 배우는, 감정 읽기 걸음마를 하는 초등 저학년들이 특히 걱정이지요. 몇 년 후에 마스크를 벗는 날이 왔을 때 타인의 얼굴 표정이나 감정을 읽고 표현하는 능력이 어느 수준일지, 왜곡된 발달을 하지는 않을지, 나중에 열심히 쫓아가서 온전한 회복이 가능할지 예측은 못 합니다. 누구도 경험해 보지 못한 세상이니까요.

3장

K-방역이 드러낸 한국인의 마음 구조

한국은 세계적으로 유례가 없는 탄탄한 방역으로 코로나 위기를 그나마 잘 넘기고 있습니다. 한국식 방역 모델을 'K-방역'이라고 부를 정도지요. 하지만 삐딱한 시선으로 세상 보기를 즐기는 저는 '이게 꼭 좋은 거야?'라는 생각을 해 봅니다. K-방역은 우리나라가 여전히 강력한 규범 지향적 사회라는 것을 보여 주기 때문이지요.

이 장에서는 K-방역을 통해 새삼스럽게 알게 된 우리 마음의 구조를 살펴봅니다. 우리 마음이 어디로 향하고 있는지, 그 방향이 코로나19 이후에도 가야 할 방향인지 점검해 봅니다.

K-방역의 원동력,
규범 사회

"마스크를 쓰지 않는 것은 개인의 자유다. 왜 내가 그걸 단속해야 하는가?"

미국에서 경찰에게 마스크를 쓰지 않은 사람들을 단속하라고 하자 어떤 경찰들은 이렇게 말하며 단속을 거부했다고 합니다. 게다가 미국에서는 2020년 4~5월까지도 많은 사람들이 파티를 즐기고 해변에서 수영을 했습니다. 점입가경은 마스크 쓰는 것을 정치화한 트럼프 전 대통령이었죠.

반면 한국에서는 마스크를 구하기 위해 난리가 나면 났지, 왜 마스크를 써야 하냐고 의문을 제기하는 사람은 거의 없었습니다. 그 덕분에 우리나라는 몇 번의 위기에도 불구하고 다른 나라에 비해 비교적 안정적으로 이 상황을 통제하고 있다는 평가가 많습니다. 많은 이들이 이를 'K-방역'이라 부르며, 이것이 한국인의 저력이라고까지 이야기합니다. 등교를 멈추고 재택근무를 하고 가게의 문을 닫으라는 정부의 지침을 대다수의 국민들이 잘 따른 덕분일 것입니다. 모두를 위해 자신의 불편함을 참는 것이죠.

그런데 저는 이런 사회적 현상은 '교육'의 측면에서 조금 문제적이라 느낍니다. 우리가 얼마나 규범 지향적인지 보여 주기 때문이지요. 규범이란 사람들이 이래야 한다고 암묵적으로 동의하는 사회적 기준입니다. 이는 개인의 성향에 따라서도 다르겠지만 국가별로 문화별로 차이가 납니다. 미셸 겔펀드의 『선을 지키는 사회, 선을 넘는 사회』에서는 사회 규범의 강도에 따라 '빡빡한 사회'와 '느슨한 사회'로 나눕니다. 한국은 당연히 빡빡한 사회에 속하지요. 왼손잡이 비율을 보면 미국은 12%인데 터키는 고작 3%입니다. 한국도 만만치 않아요. 3.9%입니다. 많은 부모가 왼손잡이인 아이를 억지로 오른손잡이로 교정한 결과입니다. 우리나라는 교복을 입는 비율이 높고, 주차장에 세워진 자동차의 종류와 색깔도 덜 다양하다는 연구도 있습니다. 수많은 나라를 줄을 세워 보면 한국은 빡빡한 사회의 상위권에 속합니다.

빡빡한 사회와 느슨한 사회는 각각 장단점이 있습니다. 느슨한 사회는 마스크를 거부하는 미국처럼 타협과 협동이 잘 안 되고 충동적인 경향이 강합니다. 그 대신 개인의 선택에 허용적이어서 창의적인 사람이 많이 나오고 환경 변화에 잘 적응합니다. 빡빡한 사회는 K-방역이 그랬듯 사회 질서를 잘 지키고 힘든 것을 잘 참습니다. 무척 성실한 경향이 큽니다. 그 대신에 한번 생긴 관성이나 사회적 관습을 고치기가 어렵습니다. 새로운 것에 마음을 열기도 어렵습니다. 명확하고 체계적인 생활 양식을 선호해서 누군가 집단의 합의를 깨는 의견을 표출하거나 사회 질서를 어지럽히면 강한 분노를 보입니다. 방역 지침을 어기고 여행을 갔다가 확진 판정을 받은 사람에 대한 대중의 분노가 떠오르시죠? 이런 규범적인 경향은 위기 상황에 일시적으로 더 강화되는 경향이 있습니다. 코로나19라는 위기 상황은 느슨한 사회는 더 느슨하게, 빡빡한 사회는 더 빡빡하게 양쪽으로 몰려가게 만듭니다. 비교적 느슨한 사회인 미국이나 유럽은 마스크 착용과 백신 접종에 대한 반발이 비교적 거센 편입니다.

우리는 코로나19 위기에서 빡빡한 사회 덕을 확실히 봤습니다. 우리는 시킨 것을 잘 지킵니다. 오랫동안 끈기 있게 참고 견디며 훈련해야 하는 분야, K-팝이나 올림픽 등에 우리나라가 두각을 나타내는 것도 이 때문이지요. 수만 명의 노동자가 같은 시간에 출근해서 같은 속도로 매뉴얼에 맞춰 일하는 조선업이나 자동차 산업이 잘되는 것도 그 때문입니다. 단군 신화에서도 쑥과 마늘만 먹고 동굴에서 버틴 곰이 우리 조상이라고 하잖아요. 민족의 탄생 설화부터 '인내'라는 민족성을 보여 주는 것 같습니다. K-팝 아이돌의 멤버들은 데뷔 전에 십 대부터 몇 년 동안의 혹독한 연습생 생활을 하고 데뷔 후에도 합숙 생활을 합니다. '칼군무'는 오랜 기간 반복된 연습이 없으면 불가능하죠. 올림픽에서 메달을 주렁주렁 따는 국가 대표 선수들도 선수촌에서 몇 년씩 훈련하지만 불평이 없습니다. 공부도 그렇습니다. 세계 수학 올림피아드에서 우리나라 학생들이 항상 상위권을 차지하는 것도 어릴 때부터 수많은 수학 문제를 풀어 본 덕분이지요.

하지만 이런 장점이 극대화된 한국은 무척 답답해졌습니다. 그래서 많은 청년들이 한국이 싫다고 '탈조선'을 외쳤습니다. 고리타분하고 빡빡하고 새로운 기회가 없고 '꼰대'들로 가득 차 있다고 말입니다. 여전히 많은 남자가 명절만 되면 조선 시대 사람으로 변하고, 아이의 개성을 존중하며 키우려는 부모는 여전히 주변으로부터 수군거림을 들어야 합니다.

많은 학자가 이러한 규범 사회에 대해 경고를 보냅니다. 앞으로 우리는 모호하고 불확실하며 유동적인 시대를 만나게 될 것인데 집단이 똑같은 방식으로 순응하다가는 다 같이 침몰할 위험이 크다는 것이죠. 균질한 훈련을 받아서 많은 사람이 같은 일을 적당한 수준 이상으로 잘하는 것은 앞으로는 경쟁력이 별로 없을 겁니다. 집단이 아니라 개인이, 순응이 아니라 대응이, 신중이 아니라 개방이 훨씬 소중한 가치가 될 것이라고들 하지요.

그래서 코로나19 이전에 우리는 빡빡한 사회를 바꿔 보려고 꽤 열심히 애썼습니다. 구글과 페이스북 같은 혁신적인 기업이 나오도록 사회적으로 개방과 혁신을 강조해 왔습니다. 학교의 커리큘럼도 조금씩 바뀌어 가고 있었고, 대안 교육 같은 새로운 시도를 하는 부모를 호감으로 지켜보는 눈도 많아지고 있었습니다. 획일화된 아파트에서 벗어나 자기가 원하는 대로 집을 짓는 사람도 늘어나고, 스타트업 창업을 응원하는 분위기가 만들어졌죠.

그런데 이러한 변화의 흐름이 코로나19로 확 멈췄습니다. 지금은 위기 상황이니 새로운 것을 시도하기보다 안전을 위해 신중한 태도로 집단의 기준에 맞춰서 순응하자고 합니다. 의문을 제기하는 것이나, 개인의 일탈은 허용되지 않습니다. 사회가 유턴을 하는 것이 보입니다. 사회의 규범은 돛단배가 아니라 항공 모함 같습니다. 방향을 바꾸기 어렵고, 한번 바뀐 방향은 꽤 오랫동안 유지됩니다. 오래 노력해서 겨우겨우 방향타를 바꾸는 데 성공한 듯 보였던 우리 사회의 개방성이 강한 태풍을 맞아 선회하게 된 것 같아 안타깝습니다.

순응적인 사회와
배제되는 아이들

규범 사회는 달리 말하면 '순응'(順應, compliance)하는 사람이 많은 사회라고 할 수 있습니다. 순응을 기준으로 세상 사람을 둘로 나누어 볼까요? 시키면 일단 잘 따르는 사람과, 왜 해야 하는지 납득하지 못하면 끝까지 따르지 않는 사람으로요. 한국에는 전자가 훨씬 많은 듯합니다. 그것이 앞서 말했듯 K-방역이 가능했던 배경이지요. 수위 높은 방역 지침도 많은 국민이 잘 따르고 있습니다. 오랜 시간 지켜보니, 일단 따르면서 그 안에서 방법을 찾아 적응한 사람들이 더 많은 것을 가져가고 사다리의 위에 자리를 잡는 것을 경험으로 확인한 덕분입니다. 반면 그것이 싫다는 사람은 용인받기보다 집단을 떠나야 하거나 보호받지 못하는 경우가 많았습니다.

순응을 잘하는 사람이 많은 것을 얻는 사회는 안정적입니다. 질서를 잘 지키고 규범에 협조하고, 혼자 삐딱한 짓을 하는 사람을 집단이 응징하기 때문이죠.

그런데 순응을 잘하는 사람들은 자기가 얻은 성취를 당연하게 여기고 차별을 정당화합니다. "나는 죽도록 노력했다. 나도 하기 싫은 일인데 억지로 한 것이다. 그래서 진짜 어렵게 얻은 지위, 성취다. 나와 너의 차이는 당연한 것 아닌가." 하는 생각의 저변에는 공정한 불평등이 낫다는 믿음이 깔려 있습니다.

사회가 발전해서 성숙기에 접어들어 안정화되면 자리를 잡은 사람과 그렇지 않은 사람 사이의 유동성이 줄어듭니다. 한마디로 자리바뀜이 일어나기 어려워진다는 뜻입니다. 그 대신 성취의 차이를 잘게 자릅니다. 대학 입시부터 볼까요? 학교의 서열을 나누고, 학교 안에서도 입시 결과로 과별 서열을 나누고, 같은 과 안에서도 정시, 수시, 지역 균형을 나누는 것이 자연스럽습니다. 이런 사고방식은 사회에 진입하고 가정을 꾸린 다음에도 자연스럽게 이어집니다. 취업한 회사의 서열을 연봉이나 근무 환경으로 촘촘히 줄을 세우고 비교합니다. 아파트도 지역과 브랜드별로, 심지어 같은 아파트 안에서도 동과 층, 향에 따라 순위를 매깁니다. 문제는 한번 만들어진 순위는 여간해서는 바뀌지 않는다는 것입니다. 마치 영화 「설국열차」에서 머리 칸과 꼬리 칸의 승객이 나뉘고 어느 순간부터는 뒤에서 앞으로는 이동이 불가능해진 것과 비슷합니다.

왜 그렇게 애써 나눌까요? 그래야 불안하지 않기 때문입니다. 순응을 잘하는 사람들의 특징은 불안을 견디는 능력이 떨어진다는 것입니다. 이 순위가 한번 자리를 잡으면 내가 그 위로 올라가는 것을 원하지 전체 순서가 뒤섞이거나 무효가 되는 것, 시스템이 근본적으로 변하는 것을 원하지 않습니다. 그래서 불합리한 면이 있다는 것을 인정하면서도 지키려 노력하며 차이를 정당화합니다. 그것이 가장 공정하다고요.

이런 시스템에 능숙한 사람들이 모여서 상층부를 이룹니다. 대기업, 공기업, 공무원 사회에 많습니다. 생각하는 방식도 비슷하고, 상황에 대처하는 방식도 아주 유사합니다. 시키면 시키는 대로 잘 따르고 일도 잘합니다. 문제는 큰 규칙을 바꿔야 하는 변화의 시대가 오면 우왕좌왕한다는 것입니다. 규칙을 따를 줄만 알지 새로 만들어 본 적은 없기 때문입니다. 평화로운 시기에는 문제가 없지만, 지금같이 코로나19로 대변혁이 당겨지는 시기에는 순응을 잘하는 것은 장기적으로는 적응력을 떨어트리는 위험 요소가 됩니다. 그것이 지금의 문제입니다. 누군가에게는 기회인 것이 누군가에게는 인생의 큰 위기가 됩니다.

순응형 인간이 많은 사회의 문제점은 또 있습니다. 사회의 규범에 순응하지 못하는 이들은 배제(排除, exclusion)된다는 것입니다.

한번 배제되었던 사람도 중간중간 다시 끼어들 기회가 있어야 하는데 사회가 성숙기에 접어들면 그 기회가 점점 줄어듭니다. 가족의 후원이나 사회적 지지가 없으면 더욱 어렵습니다. 기초가 약하니 발을 굴러 뛰어 보려고 해도 바닥이 흔들려 엄두를 못 내는 것입니다. 그래서 아예 판에서 튕겨 나와 버립니다. 배제가 스며들듯이 일어나 어느새 넘어서기 어려운 초격차가 생깁니다. 살면서 이런 배제를 몇 번 보고 나면 두려워집니다. 실제 재취업, 재창업이 무척 어렵죠. 그러니 경력이 단절되는 것이 무서워 하기 싫은 일, 부당한 일도 해야 합니다. 처음부터 확실한 자리에서 시작하기 위해 n수생, 장기 취준생도 불사합니다. 배제에 대한 두려움이 크기 때문입니다.

이러한 순응과 배제는 아이들의 교육에서도 두드러지게 나타납니다. 학교 시스템과 입시 제도에 '순응'하는 아이들은 별다른 반항 없이 대학 입시를 향해 달려갑니다. 하지만 문제는 이러한 시스템에 잘 따라가지 못하는 아이들이 '배제'된다는 것입니다.

수학 시간에 선생님이 "학원에서 다 배운 거지?"라고 넘어가 버리면 학원을 다닐 형편이 안 되거나 집에서 챙겨 줄 여유가 없는 아이는 따라갈 엄두를 내지 못하고 포기해 버립니다. 예전에는 중학교 이후에도 기초부터 다시 시작해서 쫓아갈 수 있었지만, 일찍 앞서가는 아이들이 많아진 다음부터는 공부를 해 온 아이와 해 본 적 없는 아이의 차이는 아주 커졌습니다. 특히 수학은 차근차근 단계를 밟아야 하는 과목인 데다가, 입시에서 매우 중요한 변별력을 가지기 때문에 한번 '수포자(수학 포기자)'가 된 아이들은 다시 도전할 엄두를 내지 못합니다.

이렇게 학교에서부터 배제된 아이들은 그나마 가장 공정하다는 대학 입시 레이스를 일찌감치 포기하고 교육 시스템 밖으로 튕겨 나가 떠돌기 시작합니다. 사회에 나가서 일 인분으로 살아가기 위해 필요한 지식 체계를 익힐 기회를 놓치는 것입니다. 학교라도 재미있게 다니면 사회성이라도 좋아질 텐데 친구도 잘 못 사귀는 아이들은 학교 밖에서 피시방을 다니고, 방 안에서 휴대폰만 하면서 누워 있고, 가끔 아르바이트를 합니다. 그렇게 이십 대가 된 친구들을 저는 많이 만납니다. 십 대 초반에 교육 시스템에서 배제된 채 어른이 되어 버린 겁니다. 일찍 배제된 대가는 생각보다 크고 깊었습니다.

학교 밖에서라도 창의적이고 자존감이 잘 갖춰진 채 성장했다면 걱정을 안 합니다. 대개는 최소한의 사회화도 안 되어 거칠고 분노에 차 있습니다. 자신에 대한 평가는 바닥이고 자신의 처지를 다른 사람과 비교하며 열등감을 느끼고 작은 동기 부여를 공격으로 받아들입니다. 미래에 대한 계획을 세우거나 자잘한 일상의 노력을 경험해 보지 못해 쉽게 포기합니다. 너무 일찍 튕겨 나와서 학교에서 배울 수 있는 성실, 권위의 인식, 협동의 내재화를 익히지 못한 결과입니다. 친구들과도 다투기만 한 채 혼자 지내는 것에 너무 익숙해진 상태로 제게 찾아옵니다. 뭔가 바뀌어야 된다는 것은 알아서 저를 찾아왔지만, 제가 작은 변화를 위한 실천을 제안해 보아도 발걸음을 떼기 어려워합니다. 앞으로 나아가는 데 필요한 최소한의 꾸준함과 성실함의 경험이 일천하고 훈련이 안 되었기 때문이죠. 안타깝습니다.

이런 상황은 비단 형편이 어려운 집의 문제만은 아닙니다. 중산층 가정에도 꽤 있습니다. 부모님이 워낙 각박한 경쟁 속에 자랐기에 학교 교육에 넌덜머리가 난 나머지, 아이가 공부를 힘들어하고 포기하려 할 때 다른 방식을 찾거나 북돋아 주기보다 그냥 두는 것입니다. 이 경우 아이는 분노보다 무기력과 연약함이 주로 문제입니다. 부모의 보호 안에서 '어떻게든 되겠지.'라는 마음만 가진 채 이상은 높고 현실은 보지 않습니다. 현실에서 뭐라도 해 볼 엄두를 내지 못합니다. 격차를 직면하기 두렵기 때문입니다. 심지어 이런 경우 순응을 잘하는 스타일일 때도 많습니다. 다만 지금 자기의 위치와 높은 기대치 사이를 메우기 위해 죽을 만큼 노력해야 할 것이 엄두가 안 나는 겁니다. 부모와 아이 모두 목표와 기대치를 낮추지는 못한 채 그 자리에 서 있기만 합니다. 이런 아이들도 사회의 시스템에서 배제되기는 마찬가지입니다. 시스템 안에서 환영받던 순응이 변화의 시기에 어떤 어려움을 가져오는지, 그리고 순응에 따라오는 배제의 문제가 무엇인지 생각해 볼 때입니다.

평균 이상이어야
정상인 사회

"이번 수학 시험 몇 점이니?"

"55점이요."

"왜 이렇게 못 봤어?"

"어려웠어요."

"그래? 반 평균이 얼마인데?"

"평균 50점이요."

부모의 표정은 평균값을 듣고 나서야 풀립니다. 잘 본 시험은 아니지만 평균보다는 높으니까요.

2020년 확진자 수가 매일 발표될 때마다 우리나라 사람들은 세계 순위를 지켜봤습니다. 우리나라 확진자 수가 10위 밖으로 벗어나고, 10만 명당 발병률과 사망률이 다른 나라들보다 낮게 나오자 무척 자랑스러워했지요. 일종의 '방역 올림픽'을 한 것인데 이 경쟁은 순위가 낮을수록 좋은 경기였지요. 모두가 평균보다 높은가 낮은가에 익숙하기에 우리는 매일 그 순위를 보면서 일희일비했습니다. 2020년 말에는 백신의 보급과 접종에서 OECD 국가 평균과 비교해 우리나라의 속도가 느린 것이 우리를 확 불안하게 만들었습니다.

이렇듯 우리는 '평균'에 민감하고 평균을 중심으로 살아갑니다.

언제부터인가 평균 안에 머무르면 안전하고 정상이라고 보고, 거기서 벗어나면 뭔가 이상하다고 여기게 되었습니다. 중산층이라는 말도 참 좋아합니다. 중산층이라고 하면 안심이 됩니다. 꽤 잘사는 분도 자신을 중산층이라고 말하고, 형편이 좋지 않은 경우에도 중산층에서 벗어나지 않기 위해 애를 씁니다. 머릿속에 평균을 염두에 두고 있기 때문이 아닐까요?

수능이나 내신의 등급도 정규 분포 곡선을 놓고 평균과 표준 편차를 이용해서 줄을 세운 것이고, 아이큐는 정신 연령을 생물학적 연령으로 나눈 것으로 100이 평균인 지수입니다. (다만 아이큐는 딱 중간이면 안심이 안 되고 150 정도는 되어야 뿌듯해지죠. 물론 제대로 검사하면 이 점수는 거의 나오기 어렵습니다.)

평균이라는 개념은 어디서부터 시작되었을까요? 교육학자 토드 로즈의 『평균의 종말』에서 잘 설명하고 있습니다. 평균은 1800년대 초반 천문학자 케틀레가 참값을 알 수 없는 천체의 회전 속도를 결정하기 위해 10번의 개별 측정값을 평균 내서 그것을 참값으로 삼기로 한 것에서 유래했습니다. 케틀레는 평균에 가장 가까운 것이 참값, 즉 자연계에서 이상적인 모습이라고 생각했습니다. 개개인의 측정값은 오류이고, 평균값을 가진 인간이 참 인간이라고 본 것이지요. 이 참신한 주장은 당시 사회에 큰 반향을 일으켰고 많은 사람이 고개를 끄덕였다고 합니다. 좀 지나서 한 발 더 나간 사람이 등장했습니다. 평균의 환상을 우월성의 문제로 발전시킨 겁니다.

1850년대 영국의 유전학자 프랜시스 골턴은 평균을 최대한 향상시키려고 노력하는 것이 인류의 의무라고 주장했습니다. 그러면서 평균보다 훨씬 위에 있는 사람을 '우월층', 훨씬 아래에 있는 사람을 '저능층'이라고 과감하게 지칭했습니다. 더 나아가서 한 분야에서 평균보다 50% 더 잘하는 사람은 나머지 영역도 모두 우월할 것이라고 주장했죠. 서울대를 나오면 성격도 좋을 것이고 일도 잘할 것이라는 믿음과 비슷하지요? 참값을 몰라서 아주 원시적인 수학과 통계 기법을 이용했을 뿐인 평균의 개념이 어느덧 이상적인 정상을 지칭하는 것으로, 여기에 더해 평균보다 훨씬 잘하면 우월한 것으로 업그레이드된 것입니다. 첫 단추를 잘못 꿴 이 개념은 1900년대 초반에 이르러 사회학과 행동과학계 전반에 퍼지게 되었고 지금까지도 큰 영향을 미치고 있습니다. 평균을 중심으로 그 위로 올라가려고 하는 노력은 가장 공정하고 누가 감히 뭐라 할 수 없는 불가침의 진리가 되었습니다.

교육에서도 집단의 평균값을 높이는 것이 가장 효과적인 교육의 목적이 되었습니다. 각 학교마다 선생님들 각자가 만든 교재로 가르치던 학교들이 학년별로 같은 커리큘럼으로 가르치는 것이 되었습니다. (미국의 의과 대학도 교수 마음대로 가르쳤는데 20세기 초반에 들어와 전국적으로 커리큘럼이 일률적으로 정비되었습니다.) 교육의 표준화, 객관화, 효율화가 일어났습니다. 전국적으로 아이들의 학업 수준을 평가하는 것이 용이해졌습니다. 여기에 도달하지 못하는 열등생은 잘 도와주고, 우등생은 월반을 시키거나 영재 교육을 시키는 방식으로 발전한 것이지요. 20세기에 이루어진 전 세계의 체계적인 발전은 이 평균 개념의 도움을 많이 받았습니다. 유엔에서 발표하는 영유아 사망률, 문맹률, 극빈층 비율 같은 통계는 실제로 매우 유용합니다. 이 수치를 바탕으로 낙후된 국가는 국민들의 건강, 글을 읽고 셈을 하는 능력, 최소한의 경제적 능력을 갖추는 데 노력할 수 있었습니다. 전체 국민의 수준을 다른 나라의 평균과 비교하면서 서서히 높여 나갔습니다.

이런 시스템은 아무것도 없는 황무지에서 중간이나 중상급까지 올라가는 데에는 효과적입니다. 그렇지만 어느 선을 넘어서서 90점 이상에서 1~2점으로 차이를 가려야 할 때, 모두가 기본 이상은 하지만 같은 90점이라도 개별적 특징이 더 중요해지는 시기가 되면 평균을 높이는 것을 목표로 하는 교육은 도리어 족쇄가 됩니다.

집단의 평균값에 대한 의존은 집단 속 개개인의 개성을 죽이고 균질화합니다. 평균을 중심으로 줄을 세우고, 그 위로 올라가는 것만이 옳다는 믿음은 그저 그런 개성 없는 아이를 붕어빵 찍듯 만들어 낼 뿐, 개별성이 더 중요해지는 미래에 잘 살아갈 능력을 키우는 데에는 걸림돌이 됩니다. 특히 교육에서 이 평균주의의 문제는 더 심하게 나타납니다. 어느 한 과목에 두드러지는 성과를 내는 아이는 다른 과목의 성적도 평균 이상으로 끌어올리기를 강요받습니다. 수능을 볼 때도 모든 영역에서 골고루 일정 정도 이상의 등급이 되어야 하지요.

이제는 집단이 다 같이 한 걸음씩 앞으로 가는 교육은 획일화의 한계에 다다랐습니다. 인간은 다차원적일 수밖에 없으니 아이들이 가진 자기만의 능력을 잘 찾아내서 그것을 키우는 것이 필요합니다. 인간의 개인적 특성을 존중하고 맥락과 상황에 따라 다르게 잘 대응하는 사람으로 교육할 수 있으면 좋겠습니다. 안타깝게도 한국 교육의 현실은 이 부분에 있어서 빈 구멍이 너무 많습니다.

1940년대 미국에서 부인과 의사 로버트 디킨슨이 1만 5000명의 젊은 성인 여성의 신체 수치를 모아 평균값을 내서 '노르마'라는 조각상을 만들었습니다. 모든 신체 수치 각각의 평균값을 모았으니 가장 이상적이며 아름다운 여성일 것이라 생각한 것입니다. 그는 노르마 조각상을 전시하고 노르마와 같은 현실의 모델을 찾아내려고 했지만 참가자 3864명 중 단 1명도 아홉 가지 수치의 평균값에 부합하는 여성은 없었습니다. 모든 평균값을 다 만족하는 인간은 존재하지 않았던 것입니다. 지금 우리 교육이 지향하는 모습은 현실에서는 만날 수 없는 이 노르마가 아닐까요?

불공정한 평등보다
공정한 불평등이 낫다

평균 지향과 조금 비슷하면서 다른 것으로 공정에 대한 지향이 있습니다. 우리 사회는 '공정함'에 대해 독특한 감각을 가지고 있습니다. 그 이야기 전에 간단한 실험 하나를 살펴보지요.

하버드대학과 예일대학의 진화생물학자 및 심리학자 들이 2015년 이런 실험을 했습니다. 교실 청소를 하고 난 두 아이에게 3개의 지우개를 보상으로 주면서 하나씩 나눠 가지되 세 번째 지우개는 아무 일도 안 한 다른 아이에게 줘도 되겠냐고 묻는 실험이었습니다.

아주 어린 아이들은 그래도 좋다고 했지만 6세 정도 된 아이들은 세 번째 지우개를 아무 일도 안 한 아이에게 주느니 차라리 쓰레기통에 버리겠다는 대답을 하는 비율이 높아졌습니다. 그에 반해 2명 중 일을 더 열심히 한 1명이 나머지 한 개를 마저 가져가는 것은 어떤지 묻자 그건 좋다고 했습니다. 아무 일도 안 한 아이와 평등하게 지우개를 하나씩 나눠 갖는 것은 싫고 차라리 1명이 더 가져가서 평등하지 않은 것을 감수하겠다는 것입니다.

사람은 꽤 어릴 때부터 획일적으로 균등한 분배보다 공정성에 입각한 분배를 더 선호합니다. 그래서 공정성과 평등이 충돌할 때 사람은 불공정한 평등보다 공정한 불평등을 선호합니다. 과정이 공정하게 관리만 된다면 불평등도 받아들일 수 있다고 믿습니다. 그래서 6개의 숫자를 맞춰서 수십억 원의 불로 소득을 얻는 로또에 이의를 제기하지 않는 것입니다. 이에 대해 학자들은 집단의 조화와 구성원의 협력을 얻어야 할 때 공정함이 사람들로 하여금 집단이 정한 규칙에 따라 노력을 하도록 하고, 그 이득을 나누는 것을 잘 반영하기 때문이라고 설명합니다. 그래서 무조건적인 평등보다는 공정한 불평등을 따르는 관습이 생겼다는 거지요. 비슷한 노력을 한 사람 중에 노력의 차이에 비해 엄청 많이 가져가는 것은 인정해도, 전혀 다른 트랙에 있다가 결과만 따먹는, 체리 피킹(cherry picking)을 하는 무임 승차자는 봐줄 수 없고 집단적 응징을 하는 것입니다.

저는 이런 마음의 구조를 우리나라의 '시험 만능주의'와 연관 지어 생각해 봅니다. 우리나라는 왕후장상의 씨가 따로 없다고 믿지 않습니까? 개천에서 난 용, 즉 '개천용'의 신화가 실현되는 나라였고 그 신화는 과거 시험, 사법 시험, 대입 시험에 의해 가능했지요.

그러나 공정을 지향하는 마음이 시험 만능주의로 귀결되는 것은 문제적입니다. 시험 만능주의 사회에서는 전국의 모든 아이가 같은 커리큘럼으로 배우고 같은 시험을 치러서 평균보다 우월한 성적을 올린 사람이 가장 좋은 자격을 얻는 것이 가장 공정하고 올바른 방식이라 믿습니다. 학교에서도 동아리, 경시대회 등 비교과 활동을 기록한 세부 특기 활동은 교사, 부모의 능력이나 사교육의 개입에 좌우될 수 있으므로 믿을 수 없다고 합니다.

저도 이런 제도에 여러 가지 부작용이 있다는 것을 알고 있습니다. 그렇지만 여론의 반응은 좀 과하다 싶기도 합니다. 오직 시험만 신뢰하려는 마음은 무엇으로 설명해야 할까요? 하루 만에 인생이 결정된다고 수능을 비판하면서도, 대학 입시에서 수능 점수로 경쟁하는 정시의 비율을 늘리라는 의견이 거센 것도 이런 흐름 중 하나입니다. 수능의 한계가 분명한 것을 알지만 다른 아이가 알 수 없는 과정을 거쳐서 더 좋은 결과를 얻는 것에는 승복할 수 없습니다. 차라리 다 같이 수능을 보는 것을 현실적 차선으로 받아들입니다. 대기업 입사, 공무원 시험 등 중요한 경쟁이 있는 곳은 다 비슷합니다. 모두가 같은 자료를 보고 공부해서 같은 날, 같은 조건으로 시험을 보는 방식만 인정할 수 있다고 믿는 것입니다. 같은 회사에 입사했지만 관리, 엔지니어링, 디자인 등 하는 일은 천차만별일 것이고 회사에 들어와서 잘 적응하는 것은 시험을 잘 보는 능력과 다르다는 것을 사람들은 다 압니다. 그럼에도 토론 끝에 결론은 시험입니다. 그 방법 이외에 사람들을 모두 설득할 수 있는 방법이 없으니까요.

하지만 세상이 바뀌고 있습니다. 모두가 똑같은 것을 공부해서 얼마나 잘 성취했는가, 누가 실수하지 않고 잘 외웠는가를 평가하는 것으로는 미래의 적응 능력을 알 수 없습니다. 각자의 개성과 재능을 찾아내서 개발하고 가꾸는 것이 더 중요해지는 사회가 오고 있습니다.

같은 트랙에서 같은 유니폼과 운동화를 주면서 달리기 시합을 하라고 하면 아주 공정해 보이지만, 그 트랙 위에 선 아이의 키도 다르고 달리기 재능도 다르다는 것을 인정하지 않는다면? 게다가 오직 달리기 시합만으로 인생이 결정된다면?

늑대로부터 살아남는 것이 가장 중요한 능력인 토끼의 세상이라고 쳐도 한계가 있는 설정입니다. 이런 태도는 코로나19 이후, 다양성과 개성이 더욱 중요해질 시기에는 아이의 '마음 발달'에 해가 될 수 있습니다.

4장

불안이 일으키는 양육의 실수들

아이를 키우다 보면 많은 것이 부모의 불안을 자극합니다. 심할 때는 마치 포위망이 좁혀지는 것 같은 느낌, 이제는 빠져나갈 곳이 없을 것 같다는 마음이 들 때도 있지요. 해야 할 것은 많은데, 아무리 준비해도 부족한 것 같습니다. 이런 불안은 종종 의도치 않은 결과를 가져오기도 합니다. 그 어느 때보다 불안이 높아지는 요즘, 부모의 불안이 가져올 수 있는 실수나 문제는 없을지 살펴보겠습니다.

꽃길만 걸으면
굳은살이 박이지 않는다

미국 학교에서는 급식에서 땅콩을 주지 않습니다. 땅콩 알레르기가 있는 극소수의 아이들을 보호하기 위해서지요. 비행기에서도 제공하지 않는다고 합니다. 땅콩 하나 안 먹는다고 큰일 나는 것은 아니니까요.

그런데 이렇게 땅콩에 노출될 기회를 줄이자 도리어 땅콩 알레르기가 있는 아이가 증가하는 역설적인 상황이 벌어졌습니다. 2015년 「뉴잉글랜드의학저널」에 이런 연구 보고가 실렸습니다. 고위험군인 4~11개월의 아이 640명을 반으로 나눠 한 그룹은 땅콩에 노출시키고 다른 한 그룹은 땅콩에 절대 노출되지 않도록 했습니다. 그 결과 땅콩에 조기 노출된 아이들이 도리어 보호성 면역이 증가되었습니다. 땅콩에 노출시켰을 경우 땅콩 알레르기가 3%로 줄어들었지만, 땅콩에서 보호한 경우에는 무려 17%나 알레르기가 있었습니다. 10명에 2명 가까이 되니 꽤 많죠? 어른들의 적극적인 보호가 도리어 아이의 면역력과 적응력을 떨어뜨릴 수 있다는 얘기입니다. 이는 꼭 땅콩 알레르기에만 국한된 것이 아닙니다.

미국의 심리학자 마크 쉔과 크리스틴 로버그가 쓴 『편안함의 배신』에 이런 설명이 나옵니다. 과학 기술의 발달로 우리의 삶은 무척 윤택해졌습니다. 하지만 편안한 상태가 오래 지속되면서 불편을 감지하는 센서의 역치가 낮아져 버렸습니다. 그래서 과거와 달리 작은 흔들림, 사소한 어려움, 자잘한 일상의 불편함도 견디지 못하고 힘든 고통과 유사하게 느끼도록 마음의 세팅이 바뀌었다는 것입니다. 생존의 위협도 없고 생활도 더 편리해졌지만, 사람들은 더 불안해하고 즉각적인 반응을 원하게 되었습니다. 이제는 살짝 불편한 정도의 자극을 생존과 관련한 고통처럼 반응하는 일이 벌어지고 있습니다.

아이 키우는 일에서도 마찬가지입니다. 학교 가는 것을 힘들어하는 아이가 부모와 진료실을 찾아왔습니다.

"학교에 가는 게 불안해요."

"저도 아이가 친구들에게 따돌림당할까 봐 걱정이에요. 진단서 하나 써 주실 수 있나요?"

처음에는 따돌림을 당하는 피해자라고 했지만 직접적인 증거는 없었습니다. 가만히 보니 아이가 친구들에게 잘 다가가지 못하는 민감한 기질이었고, 학기 초에 친구들 무리에 섞이지 못하자 어느 순간부터 겉돌게 되었습니다. 강한 아이 몇 명이 무슨 말을 한 것 같기는 했지만 폭력 수준은 아니었습니다. 그럼에도 아이는 큰 상처를 받았고 학교가 두려운 곳이 되어 버린 것입니다. 아침에 일어나 학교에 갈 생각만 하면 가슴이 두근거리고 숨이 막힌다고 합니다. 교실에 앉아 있는 것도 불편하고 머리가 아파서 조퇴하는 것을 반복했습니다. 부모는 속이 상해서 담임 선생님에게 하소연을 하고 도움을 청했지만 이 정도 상황에서는 선생님이 개입할 만한 것은 많지 않습니다. 결국 저를 찾아오게 된 것입니다.

저도 약간 막막하기는 마찬가지였습니다. 병원에서 이런저런 검사를 했지만 당연히 모두 정상이었습니다.

그런데 의아한 것은 아이가 학교에 가지 않을 수 있도록 진단서를 발급해 달라고 부모가 강하게 요구하는 것이었습니다. 보통은 아이를 설득해서 학교에 좀 가게 해 달라고 하거든요. 부모님의 이야기를 듣다 보니 아이의 상태가 이렇게 된 데에는 부모의 역할도 꽤 있다는 것을 알 수 있었습니다. 부모는 아이가 하나도 상처받지 않고 아프지 않은 채 자라기를 꿈꾸고 있었습니다.

그동안 부모의 불안 덕분에 아이를 다치지 않게 보호하면서 키워 왔고, 그 때문에 예민하고 민감한 아이의 타고난 기질이 둔감해지지 않은 채 자라난 것입니다. 친구들과 다소 거칠게 부딪혀 보고 살짝 아파하고 힘들어 보는 경험을 거의 하지 못했습니다. 갈등을 회피하며 좋은 게 좋은 거라 여기고 문제가 생기면 부모가 앞서서 교통정리를 해 주는 방식으로 지금까지 지내 왔습니다.

한마디로 관계의 근육이 거의 자라지 않은 채 청소년기로 진입한 것입니다. 하기 싫고 힘든 것을 피하고 싶은 마음은 본능의 영역입니다. 이미 다른 아이들은 다음 단계의 관계로 진입했지만 아이는 그것을 감당하기 어려운, 연약한 관계 능력치를 갖고 있을 뿐입니다.

그러니 학교가 살짝 긴장하면서 다녀야 할 곳을 넘어서서 위험하고 힘든 곳으로 인식되기에 이르렀습니다. 친구와의 사소한 말다툼을 강한 위협으로 인식하고, 친구들 무리에서 살짝 멀어지는 일을 영원한 추방으로 받아들이는 겁니다. 작은 역경과 일상의 스트레스를 자잘하게 맞닥뜨리면서 마음의 면역력을 길렀어야 하는데, 부모가 그것을 막았습니다. 부모 자신의 불안이 투사되었기 때문입니다. 아이가 다칠까 걱정된다고 감싸고 보호하기만 하면 아이는 내면의 편안한 구역이 점점 더 좁아져 거기서 살짝 벗어나는 것만으로도 생존 본능의 경고등이 켜집니다. 어느새 집 밖은 위험한 곳이라는 믿음이 생기는 것입니다.

요즘에는 선생님들도 학교를 최대한 안전한 곳으로 만들기 위해 노력합니다. 방과 후에 아이들이 학교에 남을 수 없고, 학교 폭력 위원회가 수시로 열립니다. 어떤 학교는 '빵 셔틀' 때문에 매점을 없앤 곳도 있습니다. 참 황당하지만 이것이 현실입니다. 많이 안전하고 편안한 교실이 되었지만 도리어 아이와 부모의 불안의 역치는 매우 낮아졌습니다. 편안함이 배신을 한 것입니다.

이렇게 부모와 사회가 만들어 준 편안함이 지나치면 아이는 제때 배워야 할 여러 능력이 발달할 기회를 놓칠 수도 있습니다. 기대의 다른 역설입니다. 아이가 꽃길만 걸어가기를 바라는 부모의 마음은 선했지만, 그 결과 아이의 발바닥에 굳은살이 제대로 박이지 않았습니다. 여전히 너무 말랑말랑한 채로 있지요. 그 때문에 조금만 울

통불통한 곳에 가면 뒤로 물러난 채 앞으로 나아가지 못하는 것입니다.

먼저 달리고
먼저 지치고

추석에 기차표를 사지 못해 고속버스로 귀향을 하게 되면 새벽에 일찍 출발하는 수밖에 없습니다. 그래야 교통 체증을 피해 조금이라도 빨리 갈 수 있지요. 그런데 문제는 나만 빨리 나서는 게 아니라는 것이죠. 다른 사람들도 같은 생각으로 새벽같이 버스 터미널로 옵니다. 그러면서 출발 시간이 조금씩 당겨집니다. 새벽에서 전날 밤으로, 전날 밤에서 전날 저녁으로 말이죠.

우리나라 아이들은 모두 같은 트랙을 뛰고 있습니다. 그 때문에 경쟁에서 이기려면 남들보다 빨리 달리기 시작해야 합니다. 하지만 내가 빨리 출발하면, 내 옆 레인의 사람도 빨리 출발합니다. 그러다 보면 모두가 빨리 출발하고, 내가 빨리 출발하는 효과는 점점 없어지게 됩니다. 지금 우리 사회가 교육 때문에 다들 힘들다고 아우성인데 이상하게 힘든 만큼 효과가 없는 이유가 바로 이 때문입니다. 더 큰 문제는 빨리 시작하는 조기 교육의 효과는 오래가지 않는다는 것입니다.

걸음마를 예로 들어 볼게요. 아기는 첫돌 언저리에 대부분 일어서서 걷기 시작합니다. 어떤 아이는 한두 달 빨리, 어떤 아이는 한두 달 늦게 걷습니다. 아기가 빨리 걷기 시작하면 부모는 손뼉을 치며 좋아합니다. 운동 발달이 엄청난 아이라고, 운동선수를 시킬까 하며 꿈을 꿉니다. '김칫국 마시기'라는 것은 몇 년이 되지 않아 깨닫게 됩니다. 3~4세가 되어서 어린이집에 들어가 보면 모든 아이가 다 걷고 달리고 있지요. 말이 트이는 것도 마찬가지입니다.

이와 같이 빨리 시작한다고 해도 그 이득이 일시적이고, 시간이 지나면 그 차이가 거의 없어지는 현상을 페이드아웃(fade out)이라고 합니다. 처음 다른 아이와 차이가 날 때는 뿌듯하지만 나중에는 결국 큰 차이가 나지 않는, 부모에게 잠깐의 만족과 기쁨, 괜한 기대를 준 작은 차이였을 뿐입니다.

조기 교육과 선행 학습도 대부분 이 페이드아웃의 대상인 경우가 훨씬 많습니다. 그런데도 일찍 시작하지 않을 수 없습니다. 왜냐고요? 불안하니까! 불안하기 때문에 할 수 없이, 힘든데도 불구하고 꾸역꾸역 돈을 들이고 시간을 들여서 일찍 시작합니다. 그리고 일찍 시작한 만큼 앞서갈 것이라 믿습니다.

이런 경험 해 본 분들 있을 겁니다. 초등학교 4~5학년쯤에 수학을 곧잘 해서 아이를 학원에 데려가 보면 원장님은 레벨 테스트를 본 뒤 "어휴, 애가 잘하기는 하지만 너무 늦었어요. 왜 이제 데려오

셨어요."라며 부모의 불안을 자극합니다. 한참 겁을 주고는 "그래도 안 할 수 없죠. 제가 한번 맡아서 열심히 쫓아가 볼게요." 다짐을 합니다. 불안하게 만들고, 학원을 계속 다니게 하고, 어떻게든 아이를 다그치기 위한 '예방 주사'용 멘트입니다. 그 말에 흔들려 이때부터 '학원 트랙'에 들어가면 아이가 '퍼지기' 전까지는 내려서기 어려워집니다.

선행 학습의 힘든 과정을 잘 버티는 아이, 분명히 있습니다. 그중 극히 일부는 이른바 좋은 대학에 들어갑니다. 마치 참기름 짜내는 틀에 들어가서 잘 살아남은 것 같아 보입니다. 하지만 이 소수를 제외한 아이들은 버티지 못하고 튕겨 나가거나 고3까지 가지 못하고 퍼져 버립니다. 한번 퍼지면 다시 회복하기 어렵게 다 타 버린 상태가 된 것을 많이 봅니다. 어찌어찌 대학에 들어가는 데에 성공해도 이미 지친 상태라 힘들어합니다. 아이와 부모의 불안이 아이의 재능과 에너지를 너무 빨리 소모해 버린 것입니다. 저는 이런 아이들을 단계별로 많이 만납니다.

빨리 달리면 자기 능력치 이상을 해내기 위해 매달릴 일이 많습니다. 성공하면 다행이지만 그 과정에서 심리적 좌절을 많이 경험합니다. 크고 작은 상처는 쌓여서 남습니다. 좌절을 통해 강해지는 아이도 많지만 부러지고 흉터가 남는 아이도 분명히 있습니다. 착한 아이, 성실한 아이일수록 부모와 선생님의 기대에 맞춰 죽을힘을 다해 노력합니다.

아이가 잘할수록, 열심히 할수록 부모와 선생님은 아이를 다그치고 혼을 내고 닦달합니다. 아이를 위한다는 명목으로요. "너는 그것밖에 안 돼."라는 말을 어릴 때부터 들으면서 자라면 수치심이 뿌리 깊이 박히는 부작용이 생깁니다. 미국 펜실베이니아대학에서 학생정신건강위원회를 이끌었던 소아정신과 전문의 앤서니 로스타인 박사는 말합니다.

"수치심이란 스스로 큰 결함이 있다고 느끼거나 완벽에는 한참 모자라다고 느끼는 감정을 말합니다. 수치심에 시달리는 학생들은 더 잘할 수 있는데 아직 실력을 발휘하지 못했다고 생각하는 대신, 난 원래 실력이 부족해서 해 봤자 안 된다고 좌절합니다. 이번 일은 잘 안 풀렸지만 다음엔 더 잘할 수 있다고 스스로를 격려하는 대신, 내 인생은 완전히 꼬여 버린 실패한 인생이라고 단정해 버립니다."

수치심은 아이의 마음속에 아주 깊이 박혀 있다가 십 대 후반에 갑자기 팍 터지거나, 어른이 된 다음에 솟아올라 와 부모에 대한 강한 원망과 공격성으로 변환되어 표현됩니다. 어릴 때 겪은 수치심이 쌓여 있다가 어느 순간 스위치가 눌리며 압력 밥솥 뚜껑이 잘못 열리듯 폭발한 것입니다. 부모가 보기에는 착하던 자식의 예상 밖의 원망이라 당황스럽습니다.

어른들의 말을 그럭저럭 잘 따라서 그 나름대로 성공한 아이도 만족스러운 이십 대를 보내기 어려운 경우가 많습니다. 빨리 출발했다는 것은 원래 그 시기에 했어야 할, 눈에 보이지 않는 발달 과제를 할 시간과 여유를 갖지 못했다는 것입니다. 큰 의미 없이 친구들과 떠들고 놀며 얻는 사회성, 목적 없이 빈둥거리면서 얻는 창의성, 긴 흐름의 책을 보면서 익히는 문해력 같은 것들이 텅텅 빈 채로 십 대 후반을 지나 어른이 되어 버렸으니까요. 모든 일은 때가 있어서 나중에 그 빈 공간을 채우려면 꽤 어렵습니다. 그런데 자라는 동안에는 그것이 보이지 않습니다. 청구서가 아주 늦게야 오니까요.

가족 단위의 팀플레이

"우리는 많이 안 시켜요. 그냥 먹고살 수 있기만을 바랄 뿐이에요."

많은 부모님이 이렇게 이야기하십니다. 정말로 그럴까요? 제가 보기에는 '먹고사는'의 기준치가 꽤 높습니다.

금융이나 부동산 같은 자본 소득이 높은 상류층은 구태여 일을 하지 않아도 충분한 소득이 있고 사회적 지위를 유지할 수 있습니다. 그러나 그런 사람은 소수지요. 대부분의 중산층은 물려받은 자산이 많지 않지만 노동 소득이 높은 덕분에 삶의 수준을 유지할 수 있습니다. 그들은 아이가 자신의 사회적 지위를 고스란히 물려받거나 더 높은 지위를 갖기를 원합니다. 그러려면 부모와 대등한 수준의 학력과 직업을 가져야 하지요. 여기서 집중 육아(intensive parenting)의 필요성이 시작됩니다. 사회가 성숙기에 접어들고 4차 산업 혁명이 진행되면서 중산층 사무직이나 전문직 일자리는 유지되거나 줄어들고 있고 좋은 자리를 위한 경쟁은 더 심화됩니다. 부모 중 한 명이 자기 커리어를 포기하면서 아이에게 집중해야 하는 것이지요. 심지어 할머니 할아버지도 손주의 보육과 교육을 위해 노년의 여유와 휴식을 포기합니다.

이런 집중 육아는 한국만의 기현상은 아닙니다. OECD 가입국들, 산업화가 진행된 대부분의 국가, 인구 밀도가 높고 도시화가 많이 진행된 국가의 특징은 아이를 적게 낳고 그 아이에게 모든 것을 쏟아붓는 것입니다. 스칸디나비아의 공교육이 잘 발달해서 다들 행복하다고 하지만 그 지역도 중산층 이상의 가족을 살펴보면 꼭 그렇지 않다고 합니다. 한국과 비슷한 모습이 보입니다.

스웨덴의 정신과 의사인 다비드 에버하르드가 쓴 『아이들은 어떻게 권력을 잡았나』라는 책에 따르면 북유럽과 스칸디나비아 지역에서 좋은 부모라 함은 어떤 위험이든 최소화하고, 부모는 아이와 동등하다는 입장에서 모든 권리를 중시하고, 아이가 져야 할 의무를 조직적으로 피하는 사람입니다. 그런데 사실 이런 태도는 모두 아이가 다칠까 봐 무섭고, 자기가 잘못해서 아이에게 상처를 줄까 두렵기 때문이라고 에버하르트는 말합니다. 그런 두려움은 부모가 아이의 회복력을 과소평가하고 아이의 삶에 과도하게 간섭하도록 부추깁니다. 결국 정상적인 발달에 필요한 부모의 개입 정도를 과장해서 부모 노릇을 실천 불가능한 수준의 짐이 되게 하고 아이 키우는 일을 더욱 힘들게 만듭니다. 저자는 이건 아이를 위해서도 결코 좋지 않다고, 부모에게 육아가 너무 힘든 인생의 과업이 되어 버렸다고 비판합니다.

거기에 한국이 유별난 이유가 하나 더 있습니다. 우리는 가족 중심주의가 매우 강합니다. 일본의 분석심리학자 가와이 하야오는 한국의 가족 중심주의가 유별나다면서 자식은 '자아의 확장'이라고까지 말했습니다. 한국 부모에게 자식은 남이 아니라 자신의 핵심 자아가 확장된 버전이라는 것입니다. 그러니 아이의 성공이 부모의 기쁨, 아이의 실패가 부모의 좌절로 바로 인식됩니다. 아이들끼리 싸우면 부모가 학교로 찾아가서 부모끼리의 다툼으로 번지는 것도 비슷한 맥락입니다. 게다가 우리나라의 사회 안전망은 가족을 이루고 있을 때에는 많은 것을 베풀지만, 그러지 않은 경우에는 상당히 허술합니다.

김희경은 『이상한 정상가족』에서 이런 한국 사회의 가족 중심 현상을 분석했습니다. 우리나라는 사회 안전망이 잘 갖춰져 있는 듯하나 가족 단위 중심이고, 개인의 자리가 숭숭 비어 있다 보니 더욱 가족만이 살길이라는 마음으로 똘똘 뭉치게 된다는 것입니다. 믿을 것은 가족밖에 없다는 것이죠. 현대 사회는 가족이 해체되고 개인의 힘이 우세해지는 것이 일반적 흐름인데 한국의 경우 오히려 배타적

가족주의가 강력해지고 있습니다. 많은 부모가 자식을 자신의 소유물이나 분신으로 여기고, 자식이 부모와 심리적 분리를 이루지 못하게 합니다. 어른이 되어 아이를 낳은 후에도 부모에게 경제적으로 의존하는 것을 당연히 여기거나, 아파서 병가를 낼 때 부모가 대신 상사에게 전화를 하는 것도 드물지 않습니다.

또한 이러한 가족 중심주의는 '개천용'이 사라지고 '금수저 은수저'만이 자신의 지위를 공고하게 할 수 있도록 합니다. 사다리 위의 사람들은 아래 계층의 사람들이 올라오지 못하도록 사다리를 걷어찹니다. 중산층은 가족들이 똘똘 뭉쳐 팀플레이를 합니다. 일치단결해서 우리가 조금이라도 앞서가야 합니다. 평소 사회의 공정성을 주장하던 사람들도 아이 문제에서만은 예외가 될 때가 많습니다. '스펙'과 지위를 유지하기 위해 새치기도 서슴지 않습니다. 우리나라 집중 육아의 어두운 면이지요.

이러한 집중 육아는 과잉 육아로 나아갑니다. 우리 사회의 과잉 육아의 가장 큰 징후는 온 가족이 교육 전문가가 되는 것입니다. 십여 년 전만 해도 아빠는 회사에서 돈을 열심히 벌어 오고 엄마는 아이의 교육을 전담하는 구조였다면, 요즘은 아빠들도 입시 설명회에 열심히 참석하고 입시 제도에 통달하게 되었습니다. 일하는 부모를 대신해 할머니 할아버지가 교육 전문가가 되는 경우도 있지요.

이렇게 온 가족이 아이의 교육과 입시에 매달리는 것은 과할 수밖에 없습니다. '이건 아닌데.' '이렇게까지 할 필요는 없는데.'라는 이성의 브레이크는 불안 앞에서 번번이 힘을 잃습니다. '남들은 뭔가 더하고 있어.' '지금 힘들어도 나중에 웃을 수 있어.' 하는 생각은 불안을 부추겨 안 해도 됐을 일까지 하게 만듭니다. 그리고 어느새 '이 정도는 해야지.' 하고 기준점이 올라갑니다. 이제는 이 정도가 목표가 아니라 시작점입니다. 결국 턱만 살짝 들어도 이마가 천장에 닿는 정도가 되었습니다.

심리학자 매들린 러바인은 아이들을 '과하게' 키우면서 본의 아니게 저지르는 실수 세 가지를 듭니다. 첫째 아이들이 직접 해도 되는 것을 대신 해 주는 것, 둘째 완벽하게 잘 할 수 있는 것은 아니지만 스스로 어떻게든 해낼 수 있는 일을 대신 해 주는 것, 마지막으로 아이가 필요로 한 것도 아닌데 부모 자신들의 욕심 때문에 무언가를 하는 것. 이것이 다 과잉 양육의 표본이라는 겁니다.

러바인은 그 결과 아이들이 위기 대처 능력, 문제 해결 능력, 아픔을 견디고 회복하는 능력을 익히고 배울 기회를 잃어버리고 제대로 성장하지 못한다고 비판합니다. 약이 아니라 독이 되어 온전한 성인으로 자라는 것을 막습니다. 아프지 않게 보호하고 경쟁력을 갖게 하려는 일이 '너는 엄마 아빠 없이는 아무것도 할 수 없어.'라는 마음을 갖게 만듭니다. 의도와는 완전히 다른 결과가 벌어지는 것입니다. 그런 것도 과잉 양육입니다. 용돈을 지나치게 많이 주거나 기죽지 말라고 비싼 옷을 사 주는 것만 과잉이 아닙니다.

"능력껏 충분히 해 주고 싶은 게 부모 마음이잖아요."

이런 말을 많이 듣습니다. 부모의 마음은 사실 다 그렇습니다. 하지만 그런 마음이, 혹은 충분히 해 줬다는 마음이 자칫 아이에게는 독이 될 수 있습니다. 부모는 '나는 이만큼이나 해 줬어.'라고 안심하면서 정서적으로는 아이를 방치할 수도 있습니다.

아이에게 그렇게 해 주면 아이가 나중에 충분히 받으면서 자란 것을 감사히 여기고 부모에게 고마워할까요? 과잉의 환경에서 결핍을 경험해 보지 못한 채 자라면 아주 독특한 어른이 되기 쉽습니다. 아이는 신기하게 '나는 혼자 컸어.'라고 여깁니다. 남에게 아쉽게 손을 벌려 본 적도 없고, 자기가 못나고 모자라다고 여기기 전에 부모가 해 줘 버린 덕분입니다. 그래서 힘든 일이 생겼을 때 남에게 도움을 청하는 것을 못합니다. 자기의 감정과 욕구를 알아차리고 채우는 것을 못합니다. 의외로 허상의 자존감은 높지만 공허해하고 마음 깊은 곳에는 불안이 큰 사람으로 자라는 경우도 있습니다.

이러한 과잉 육아는 부모의 삶에도 영향을 끼칩니다. 아이에게 '올인'하고 모든 지원을 퍼붓지만 노력에 비해 '가성비'가 점점 떨어지고 있습니다. 들어가는 노력과 에너지, 시간, 돈에 비해 아이가 가질 수 있는 성과는 갈수록 적어지고 있습니다. 경쟁이 심화되고, 자리는 줄어들고, 앞서 나가는 방법을 모두가 알게 되어 다들 비슷한 노력을 하니 변별력이 없어졌습니다. 지금의 노력이 10년이나 20년 후에 아이에게 중산층의 자리를 보장해 줄 가능성은 어느 때보다 적어졌습니다. 게다가 아이에게 모든 것을 쏟아붓느라 부모의 노후는 준비하지 못한 채 은퇴하는 경우가 발생합니다. 이런 상황은 이제 일부가 아닌 대부분의 부모들이 처해 있는 문제 아닐까요?

친구 같은 부모의 함정

일과 삶의 균형, 이른바 '워라밸'을 우선순위로 두는 부모가 늘고 있습니다. 바람직한 변화입니다. 집에서 아이들과 보내는 시간을 늘리고 많은 활동을 같이 하게 되었습니다. 엄마는 딸의 가장 친한 친구가 되고 싶어 하고, 아빠는 아이와 함께 장난감을 만들고 캠핑을 갑니다. 자신이 어릴 때 차마 엄두를 못 냈던 값비싼 레고 블록이나 RC 자동차 같은 장난감에 거금을 들이기도 하죠. 아이와 함께 놀기 위해서라고 말하지만 사실 아빠의 즐거움을 위해서이기도 합니다. 키덜트(kidult)라고도 하죠?

앞에서 교육 전문가 수준이 된 부모를 이야기했는데, 이번에는 조금 결이 다른 이야기를 해 보겠습니다. 아이와 함께 재미있게 지내고 오늘을 즐기는 부모들입니다. 이런 부모는 조금 나은 것 같지만 깊숙이 들여다보면 꼭 그렇지만도 않다는 생각을 하게 됩니다.

도저히 행동 통제가 되지 않는 초등학교 고학년이나 중학생이 진료를 받으러 올 때가 있습니다. 이런 식입니다. 아이는 뾰로통하게 팔짱을 끼고 앉아 있거나 고개를 숙인 채 휴대폰만 보고 있습니다. 부모는 뒤에 서서 어쩔 줄 몰라 합니다.

"아이가 머리는 좋은데 말을 안 들어요. 자기 고집이 너무 세요. 친구 관계도 원만하지 않아요. 어떡하면 좋죠?"

부모 모두 학력도 좋고 괜찮은 직장에 다닙니다. 일하는 엄마라 미안한 마음이 있어서 아이가 해 달라는 것은 최대한 들어줬고, 양육은 주로 근처에 사시는 외할머니가 맡아 주셨습니다. 아빠도 다른 아빠들에 비하면 훨씬 많이 아이와 시간을 보냈습니다. 여행도 가고 함께 자전거도 타고 좋은 경험을 주려고 애썼습니다.

그런데 사춘기에 들어서면서 문제가 생겼습니다. 학기 초에 친구와의 관계가 원만치 않자 바로 학교를 안 가겠다고 고집을 부렸다는 것입니다. 학급 회장 선거에 나갔다가 생각보다 표를 받지 못했고, 친한 친구가 다른 아이들과 더 친해지는 것을 견디지 못했습니다. 부모가 이리저리 달래고 기분 전환을 위해 여행도 갔지만 그때뿐이었습니다. 점점 학교를 가지 않겠다는 날이 많아졌습니다. 처음엔 아이를 존중했는데, 결석일이 늘어나 유급의 위기에 이르자 찾아온 것입니다.

심지어 아이는 "엄마 아빠가 더 문제예요. 저 인간들 정상이 아니라고요. 둘이 정신과 치료를 받는 조건으로 왔어요."라는 말까지 합니다. 부모는 아이의 요구를 들어주는 조건으로 겨우 아이를 데리고 왔다고 합니다. 도대체 뭐가 문제일까요? 부모도 좋은 분들이고, 아이의 양육 환경도 나쁘지 않았고, 온 가족이 아이를 위해서 애를 써 왔는데 말입니다.

저는 이 부모가 아이에게 너무 친구 같고 만만해 보인 것이 원인이라고 보았습니다. 아이와 좋은 시간을 많이 보내고 싶고 아이에게 좋은 기억도 많이 만들어 주고 싶습니다. 갈등이 생기는 것이 싫어 아이가 문제 행동을 해도 눈감아 주었습니다. 아이가 다치거나 기죽는 것이 싫었기 때문입니다. 다행히 아이도 크게 모나지 않았기에 이렇게 키우는 것이 문제라는 것을 전혀 인식하지 못했습니다.

그렇지만 그동안 아이는 권위에 순응하는 것, 선을 지키는 것, 규범을 인식하는 것, 적절한 수준의 좌절을 견뎌 내는 것, 먼저 고개를 숙이고 손을 내밀 줄 아는 것 등을 가장 안전한 가정에서 익히지 못했습니다. 때로는 부모에게 혼이 나면서라도 익혔어야 하는데 말입니다. 이는 십 대가 되면서 고치기 힘든 까다로운 문제로 진화합니다. 사춘기가 되면서 부모가 만만해 보이고, 자기 뜻대로 되지 않는 세상에 화가 나고, 대인 관계가 마음대로 되지 않으니 자존심이 상하고 분합니다. 그 모든 것을 풀 곳이 없으니 학교도 싫고 부모도 싫습니다. 아이는 왜 이제 와서 부모가 이래라 저래라 하는지 이해하기 힘듭니다. 좋은 게 좋은 것이라 여기면서 부모와 자식 사이에서 불가피하게 해야만 하는 잔소리, 힘겨루기를 회피해 온 결과를 지금에서야 받은 것입니다.

누구도 권위적인 사람이 되고 싶지 않습니다. 특히 1980~90년대에 권위적인 부모와 교사를 겪으며 자란 요즘 부모들은 권위라는 말에 알레르기 반응을 보일 만합니다. 내 아이에게만은 그런 세례를 맞게 하고 싶지 않은 마음이 들 것입니다. 그러나 권위를 이해하고 반응할 수 있는 것과 권위적인 것은 다릅니다. 좋은 어른의 말을 듣고 수긍하는 것과 '꼰대'의 말에 넌더리가 나지만 어쩔 수 없이 따르는 것은 전혀 다른 것처럼요. 그런데 이 둘을 실생활에서 잘 구분해서 행동하기란 쉽지 않습니다. 그러다 보니 아예 권위의 영역을 포기해 버린 것입니다.

부모와 자식 사이의 갈등은 사회에 나가서 생길 문제를 미리 경험하고, 지켜야 할 선이 어디인지 알아 나가는 연습의 시간이기도 합니다. 부모는 아이와 갈등이 생겼을 때 물러서지 않아야 할 순간을 알아야 합니다. 갈등을 회피하고 좋은 관계만 유지하고 싶은 부모는 자신의 존재를 더욱 축소합니다. 그러면 아이는 눈치 빠르게 부모의 존재감을 알아차리고 폭군이 되는 악순환이 생깁니다. 가장 나쁜 케이스는 아이를 두려워하는 부모입니다.

아이는 자라면서 집 밖에서 보내는 시간과 관계의 영역이 넓어집니다. 십 대까지는 그래도 부모가 막아 주고 어리니까 그런가 보다 하고 넘어갈 수 있지만, 성인이 되면 위험해질 수 있습니다. 그때 다시 배우려면 더 큰 충격과 고통이 따르게 됩니다. 친구 같은 부모가 좋지만은 않은 이유입니다.

2부

코로나19 이후를 **준비하려면**

5장

아이들이 맞이할 미래, 무엇이 바뀔까?

코로나19로 인한 여러 변화 중 제가 주목하는 것은, 아주 새로운 것이 아니라 기존에 진행되고 있던 변화입니다. 흔히 '4차 산업 혁명'이라고 부르는 사회 변화의 시계가 코로나19로 인해 더 빨라지고 있습니다. 이는 아이들의 미래 전망, 직업 선택과 깊은 관계가 있기 때문에 부모들에게는 중요한 이슈지요. 어떤 변화들이 찾아오는지, 우리 아이들이 맞이할 미래는 어떻게 바뀌고 있는지 그 변화의 맥을 한번 짚어 보겠습니다.

10년 후에
더 필요해질 직업은?

정신건강의학과 의사는 4차 산업 혁명이 와도 각광받을 직업이라고 부러워하는 말을 듣곤 합니다. 그렇지만 인공 지능 스피커가 대답하는 것을 듣고 있으면, 꼭 그렇지만도 않을 것 같습니다. 인공 지능 스피커는 제가 무슨 말을 해도 지치지 않고 상냥하고 차분하게 잘 들어 줍니다. 대용량 저장 장치는 제가 한 말을 빠짐없이 기록해 놨다가 "○○씨, 그 이야기는 1년 전에 친구 A와 만나서 속이 상했을 때 한 이야기와 비슷하네요. 그때와 오늘의 기분이 비슷한가요?"라고 판단하고 조언할 수 있습니다. 심지어 그 조언은 저보다 훨씬 유명하고 경험 많은 전문가의 지식에 기반한 것일 수 있죠. 그런 상상을 하니 오싹했어요. 집집마다 엄청 유명한 전문가의 지식과 경험을 잘 학습한 '상담 봇'을 하나씩 구비하고 있다면 굳이 병원에 올 필요가 있을까요?

그래서 저는 미래 아이들의 경쟁자는 "지니야, TV 켜 줘."라고 명령을 내리는 IPTV의 셋톱 박스나, 이 방 저 방 구석구석 다니는 로봇 청소기의 진화 버전일 것이라고 생각하곤 합니다. 이미 단순히 지식의 양을 겨루는 퀴즈 프로그램에서 사람은 절대로 컴퓨터를 이길 수 없습니다.

지금까지의 직업과 학교는 지금까지의 사회에서 만들어진 것입니다. 4차 산업 혁명이 본격화되고 코로나19라는 강력한 변수가 침입한 지금, 이제 우리는 아이들의 미래를 어떻게 준비해야 할까요? 아이들은 무슨 일을 하면서 살게 될까요?

당장 대학 문제부터 고민하게 되지요. 부인하고 싶지만 부인할 수 없는 것이 대학 문제입니다. 대학에서 선택한 전공이 직업을 결정하는 데 영향을 주니까요. 대표적인 직업이 의사겠죠? 의대를 들어가야 의사라는 직업을 선택할 수 있으니까요. 의사, 약사처럼 면허를 필요로 하는 직업이 아니더라도, 경영학을 전공하는 것과 생물 공학을 전공하는 것은 그 공부를 하는 사람의 미래 직업을 달라지게 합니다. 그런 점에서 지금 아이를 키우는 부모는 앞으로 20년 후의 미래가 궁금해질 수밖에 없습니다. 늦어도 10년 후면 그 미래의 첫 단추를 채울 대학의 전공을 정해야 하니까요. (물론 대학을 갈 필요가 없고 뭔가 새로운 길을 가는 것이 좋겠다는 판단을 할 수도 있습니다.)

그런 부모의 불안감을 자극하는 이야기들이, 4차 산업 혁명과 관련해 많이 떠돌았습니다. 대표적인 것이 65%라는 공포입니다. 한때 "현재 학교에 입학하는 초등학생들의 65%는 지금까지 존재하지 않은 전혀 새로운 직업을 갖게 될 것이다."라는 말이 회자되었습니다. 2016년에 세계경제포럼에서 처음 나온 말이라며 무한 반복으로 인용되는데, 이를 이상하게 여긴 영국 BBC 방송에서 그 근거를 추적해 봤지만 실패했다고 합니다. 65%는 근거 없는 수치라는 이야기지요. 미래에는 직업이 많이 바뀌고 촉망받는 일도 달라지기는 하겠지만 그렇다고 10개 중 6개나 새로운 직업이 생긴다는 말은 지나친 공포 마케팅임이 분명합니다.

또 미래 사회가 엄청나게 바뀔 테니 지금 아이들에게 하는 교육은 다 시간 낭비라고 생각하는 것도 지나칩니다. 미래에 어떤 직업들이 생길지 예측할 수는 없지만 미래의 일이 지금 하는 교육이나 경험과 전혀 상관이 없다고 할 수는 없습니다. 섣부른 예측으로 체계적인 지식과 경험을 습득할 기회를 놓치게 해서는 안 됩니다. 하늘 아래 새로운 일이란 없습니다. 우리가 이름을 붙이다 보면 그것이 새로운 직업이 될 것입니다. 학과도 시대의 변화에 맞춰 이름이 바뀝니다. 광산학과가 자원공학과가 된 것이 1980년대였습니다. 예측은 못 해도 대응은 할 수 있습니다. 필요한 지식과 정보, 능력은 달라질 수 있지만 어떤 일을 체계화하고 조직화하고 통합하는 능력은 어느 일에서나 필수적입니다. 각 영역에 내재된 시스템의 맥락을 파악하고 습득하는 것이니까요.

그럼에도 어떤 차이는 조만간 생길 테니 지나친 공포심은 버리되 차분히 미래를 전망해 보는 것은 필요하지요. 우선 코로나19 이전의 상황을 바탕으로 가까운 미래를 전망해 보겠습니다.

먼저 반복해서 단순한 일을 하는 직업이나, 일이 원활하게 돌아가도록 조정하고 감독하는 중간 관리자 같은 일은 없어질 확률이 높습니다. 로봇은 지치지도 않고 지겨워하지도 않으니, 쉬는 시간을 줄 필요도 없고 산업 재해의 위험도 적습니다. 단순히 반복하는 일이나 예측 가능한 일은 로봇이 충분히 대신할 수 있습니다. 로봇의 기능은 점점 정교해져서 이미 초밥도 만들고 바리스타도 합니다. 이제 그런 자리는 점점 줄어들 수밖에 없습니다.

미국 통신사 블룸버그에서는 자동화로 사라질 가능성이 높은 직업으로 매표원, 회계사, 주차 단속원, 법률 사무소 사무원, 단순 판매원, 경비원, 기관사 등을 언급했습니다. 실제로 미국에서 고용 인원으로 3위 안에 드는 직업이 트럭 운전수와 상점 계산원인데, 이 두 직업은 자율 주행차가 상용화되고 마트의 자동화가 일어나면 없어질 직군입니다. 이 변화는 머지않아 일어날 듯합니다.

중간 관리자가 하는 업무 배분, 진행 상황 조율과 피드백, 경리와 회계 같은 단순 업무들 역시 사무 자동화가 되면서 필요성이 줄어들 것입니다. 대기업에서 사무직으로 일하면서 안정적으로 정년을 맞으리라 기대하던 직업의 효용 가치가 급격히 줄어들겠지요. 일부 필요하더라도 많은 회사가 아웃소싱으로 해결하려 할 것입니다. 이미 많은 기업이 자동화나 아웃소싱을 시도하면서 필요 인력을 최소화하고 있습니다.

그 대신 미래에는 로봇이나 인공 지능과 겨루지 않아도 되는 직업이 살아남을 것입니다. 그런 점에서 언급되는 것이 반려동물 훈련사,

물리 치료사, 간호사, 의사나 치과 의사, 유치원이나 초등학교 교사, 헤어 디자이너, 영화감독, 예술가 등입니다. 이들 직업에는 두 가지 공통된 특징이 있습니다. 하나는 '휴먼 터치'입니다. 이런 일들은 사람과 사람이 직접 만나지 않고는 그 만족도가 높아지기 어렵습니다. 다른 하나는 단순화하기 어렵고 예측할 수 없는 돌발 상황이 언제든지 벌어지는 일이라는 점입니다. 충분한 경험과 창의성을 동반해야만 숙련된 업무를 수행할 수 있는 일이지요.

그런데 코로나19로 인해 비대면 사회가 일상화된다면 여기에 또 변수가 생기는 셈이겠지요? 이 또한 어느 정도 예측할 수 있습니다. 휴먼 터치는 두 방향으로 진행할 것 같습니다.

한쪽은 대면 업무에 대한 수요 감소입니다. 앞으로는 꼭 필요한 경우가 아니면 대면 접촉을 삼가게 될 것입니다. 실제로 2020년 한국의 진료 수요를 보면 이비인후과나 소아청소년과 진료는 30% 이상 줄어들었습니다. 심하게 아프지 않은 한 최대한 참고, 개인위생을 철저히 하면서 병원 가는 일을 줄인 것이지요. 그에 반해 신체 접촉의 필요성이 적은 정신건강의학과 진료는 도리어 소폭 증가했습니다. 그만큼 스트레스가 늘었다는 증거이기도 하지만 상대적으로 안심하고 찾았다는 점도 있을 것입니다.

두 번째는 그럼에도 불구하고 사람을 안전하게 직접 만나고 싶다는 욕구는 더욱 강해질 것입니다. 이와 관련해 예전에 없던 직업도 생길지 모릅니다. 집단으로 만나는 대신 1대 1로 교육하고 훈련하고 체험하는 것을 선호하게 될 수 있지요. 피트니스 트레이닝의 경우 작은 공간에서 1대 1로 하는 것, 온라인과 오프라인을 하이브리드 하는 것, 가정 방문을 하는 것으로 발전할 수 있습니다. 그러면 트레이너 10명에 회원 1000명이 등록하고 그중 200명이 매일 와서 운동하는 시스템에서, 이제는 1000명이 1대 1로 운동하는 시스템이 될 수 있습니다. 트레이너 1명이 하루에 10명을 만난다면 트레이너가 100명이 필요해지지 않을까요? 수요가 늘어날 가능성은 충분히 크다고 생각합니다. 안전하게 사람을 만나서 운동하고 싶은 욕구는 분명히 있으니까요.

이런 식으로 한번 미래에 대해 그림을 그려 보시면 좋겠습니다.

디지털 네이티브가 살아갈
4차 산업 혁명 시대

앞서 저는 미래에 다가올 변화를 '4차 산업 혁명'이라는 표현으로 여러 번 설명했습니다. 저뿐만 아니라 많은 전문가가 미래를 그렇게 정의하죠. 그런데 대체 4차 산업 혁명이란 뭘까요? 4차 산업 혁명에 대한 많은 논의들 중에서 아이들의 미래를 그릴 때 꼭 주목해야 할 특징들을 정리해 보았습니다.

4차 산업 혁명의 가장 큰 특징에 대해 학자들은 이구동성으로 '아톰의 세상에서 비트의 세상으로 넘어가는 것'이라고 설명합니다. 알쏭달쏭한 이야기지요. 아톰은 고전 물리의 세계입니다. 눈에 보이는 것이죠. 토지, 노동, 돈과 같이 양과 공간의 한계가 존재하고, 효율성을 측정할 때 산수를 할 수 있습니다. 즉 100명이 1시간 동안 100개를 만드는 일이라면, 1000명이 10시간 동안 1만 개를 만들 수 있다는 선형 예측이 가능합니다. 만들어 내는 생산물도 농산품, 공산품과 같이 눈으로 보고 손으로 만질 수 있는 것들입니다. 많이 투자한 만큼 많은 결과물이 나오고 그 결과가 예측 가능한 세상입니다. 18세기 1차 산업 혁명 이후 지금까지 우리는 그런 세상에서 살아왔습니다.

이런 세상에서는 생산 능력, 원료, 인력 공급이 풍부해 상품을 싸게 잘 만들 수 있는 곳과 아닌 곳이 나뉩니다. 수요와 공급의 불일치가 발생하고 교역을 해야 각자의 필요를 해결할 수 있습니다. 물자의 대량 생산이 가능해지고, 교역을 통해 나눠지면서 수백 년 전에 비해 세상은 비교할 수 없이 풍요로워졌습니다.

대량 생산이 완성된 사회에서는 무엇이 가치를 가지게 될까요? 바로 희소성입니다. 우리는 이른바 '원본'을 매우 중시합니다. 아날로그 세상에서 원본의 가치는 큽니다. 레오나르도 다빈치의 「모나리자」는 세상에서 단 한 점뿐이고 그 어느 작품도 진본을 대신할 수 없습니다. 사실 막상 프랑스의 루브르박물관에 가서 긴 줄을 선 끝에 보고 나면 김이 샙니다. 너무 작고 어둡거든요. 그래도 그것이 세상에 딱 한 점뿐이니까 평생 한 번은 직접 눈으로 보고 싶은 마음이 듭니다. 돈으로 사고팔 수 없는 물건이 된 것이죠. 기술이 발전해도 아톰의 세계에서는 복제에 한계가 있습니다. 복제품은 절대 원본과 같은 가치를 가질 수 없습니다. (둘을 구별하는 기술도 대접받습니다. 나이가 있는 분들은 과거 비디오 가게에서 홍콩 영화를 불법 복제하던 시절, 여러 번 복제된 것들의 화질이 얼마나 안 좋았는지 기억하실 겁니다.)

그렇다면 비트의 세계는 어떨까요? 4차 산업 혁명은 비트를 기반으로 합니다. 아날로그와 달리 무한 복제가 가능합니다. 양과 공간의 한계에서 벗어났습니다. 데이터는 시간, 공간, 양의 한계가 없고 저장 비용은 0에 수렴합니다. 한계 비용이 거의 들지 않으니 마음만 먹으면 한없이 찍어 낼 수 있는 데다 처음부터 디지털로 제작된 것이라면 원본과 복제본의 차이는 없습니다. 영화 「매트릭스」의 악당 스미스 요원을 떠올려 보세요. 수백 명으로 복제되지요. 그것이 「매트릭스」가 이야기한 미래 사회의 혼돈입니다.

이만큼 투자해서 이렇게 교역을 하면 얼마만큼의 이익이 날 것이라는 선형 예측이 가능한 사회는 산수의 세상입니다. 이에 반해 비트를 기반으로 한 디지털의 세계는 J커브를 그리는 영역입니다. 인간의 눈으로 직관적 예측이 안 됩니다. 로그함수와 미적분이라는 수학의 영역이지요. 100을 넣으면 100이 나오는 것이 아니라, 99개에서는 0이 나오고 1에서 10000이 나오는 세상입니다.

그래서 단순한 작업, 디지털로 대체가 가능한 작업의 가치는 점점 떨어집니다. 영국의 미래학자 리처드 왓슨의 『인공지능 시대가 두려운 사람들에게』라는 책에 이런 조사가 나옵니다. 1990년을 기준으로 로봇 사용료와 인건비가 똑같이 100이라고 가정하고, 2010년경에 그 비용이 어떻게 바뀌었는지 보았더니, 인건비는 151로 상승했는데 로봇 사용료는 18.5로 떨어졌다고 합니다. 만일 내가 산업체를 운영한다면 같은 일에 사람을 쓸까요, 로봇을 쓸까요? 새로 짓는 공장에 자본이 많이 투여돼도 막상 고용되는 사람은 이전에 비해 반의반도 안 되고 그 자리를 로봇이 채우는 것은 이미 현실입니다. 앞으로는 19세기부터 약 200년 동안, 특히 20세기 이후 꽤 괜찮은 직업이라고 여겨지던 안정적인 일들의 상당수가 줄어들고 가치가 확 떨어질 것입니다.

4차 산업 혁명에서 두 번째로 주목할 특징은 세상을 읽는 방식의 변화입니다. 저는 이것을 텍스트에서 영상으로의 변화, '디지털 네이티브(digital native)'의 세상이 열리는 것이라고 말하고 싶습니다. 원어민을 '네이티브 스피커'라고 하죠? 아주 어릴 때 그 나라 말을 접하고 자란 사람은 확실히 쉽게 그 나라 말을 하고 설명하기 어려운 뉘앙스의 차이를 알아차립니다. 그렇듯이 디지털 시대에 태어나서 자란 아이들은 우리와 달리 디지털 환경을 따로 배울 필요 없이 공기를 호흡하는 것처럼 자연스럽게 받아들입니다. 그런 면에서 요즘 아이들은 디지털 네이티브라 할 수 있지요.

십 대인 저희 아이가 컴퓨터 그래픽 보드를 교체하겠다고 친구들과 함께 부품을 사 왔습니다. 거실에서 컴퓨터를 분해해서 끙끙거리고 있기에 구경을 해 보았습니다. 저도 '용산 전자 상가 세대'로 컴퓨터 부품을 구매해서 조립하는 데 익숙하거든요. 그런데 신기한 것을 발견했습니다. 이 아이들이 노트북 컴퓨터를 켜 놓고 뭔가 보면서 조립을 하는 겁니다. 뭘 보나 했더니 누가 그래픽 보드 교체 방법을 자세히 설명한 동영상이었습니다. 띵 하고 머리를 치는 느낌이 왔습니다. 저라면 포털 사이트를 뒤져서 사진과 글로 설명되어 있는 블로그를 찾았을 겁니다. 저는 텍스트 세대라 한눈에 사진과 글로 보는 것이 좋습니다. 제가 마음대로 위로 올리고 확대하면서 화면을 가만히 둔 채로 제 작업을 할 수 있으니까요. 저는 동영상은 영 불편하더라고요. 원하는 내용을 찾기도 불편하고, 자세히 보려고 하면 화면이 지나가 버려서요. 아이와 저는 어떤 정보를 찾으려는 노력은 같지만 추구하는 미디어가 텍스트와 동영상으로 달랐습니다. 세상을 보는 눈도 텍스트에서 이미지와 동영상으로 우선순위가 바뀔 것입니다. 이는 4차 산업 혁명 이후 인간의 심리를 바꿀 중요한 변수라 생각합니다.

세 번째 특징은 개인화(personalization)입니다. 이전의 세계에서 중요한 것은 모두에게 보편적으로 잘 작용하는 것을 찾는 것이었습니다. 큰 공장에서 많은 물건을 최대한 적은 비용으로 만드는 일의 지향점은 최대한 많은 사람이 좋아할 것을 만드는 것입니다. 가능하면 한 나라가 아니라 전 세계 사람들이 선호하면 더 좋겠지요. 자본과 노동을 대단위로 투여해 같은 제품을 만듭니다. 많이 만들어서 전 세계로 시장을 넓히는 만큼 가격이 낮아지고 많은 사람이 소유할 수 있습니다. 예컨대 20세기 초에 포드는 모델T라는 자동차의 가격을 엄청나게 낮춰서 누구나 사려면 살 수 있게 만들었습니다. 21세기 초의 아이폰 역시 그렇게 스마트폰의 문을 열었습니다.

그런데 생산 비용이 크게 낮아지고 무한 복제가 가능해지면서 이렇게 대중적인 물건들의 효용 가치가 떨어졌습니다. 이제 사람의 니즈는 보편성을 넘어 그다음으로 나아갑니다. '나만의 것'에 대한 욕구가 강해지는 것이죠. 개인화가 기본 세팅이 됩니다. 같은 아이폰을 가지고 있는 사람이라도 각자 제일 자주 사용하는 앱을 깔아 놓은 첫 화면은 모두 다릅니다. 이런 개인화의 욕구는 평균의 수준이 올라갈수록 커집니다. 모두에게 맞는 방식은 미묘한 개인의 요구를 반영하기에 살짝 모자랄 수밖에 없으니까요.

요즘은 암조차도 표적 치료를 합니다. 지금까지는 모두에게 잘 맞는 항암 요법을 찾아내는 것이 목표였는데 이제는 암세포를 분석해서 그 환자에게 가장 잘 맞는 항암제를 투여하는 것으로 치료 방식이 바뀌는 중입니다.

"모난 돌이 정 맞는다." "중간만 가면 안전하다."라던 어른들 시대의 상식이 바뀌고 있습니다. "모난 돌이라도 남들과 달라야 한다." "중간에 있다고 안심해선 안 된다." 이런 방향으로요.

저성장 사회에
나타나는 변화들

그럼 이러한 4차 산업 혁명의 특징들은 우리 사회를 어떻게 바꾸고 아이들의 미래 직업 전망에 어떤 변화를 가져올까요? 중요하게 살펴볼 변화로는 저성장 시대로의 이행과 양극화, 그리고 그에 따른 일자리 감소라고 할 수 있습니다.

앞서 4차 산업 혁명 시대란 곧 비트의 세계로 한계 비용이 0으로 수렴해 무한 복제가 가능해지는 세계라고 설명했는데, 이런 시대에는 노동의 직접 가치와 비용이 줄어듭니다. 웬만한 일은 자동화되거나 로봇이 대신하니, 큰 규모의 공장을 지어도 새로 고용되는 직원 수는 아주 적습니다. 홍성국의 『수축 사회』에서는 20조 원을 투자해서 새 반도체 공장을 지어도 신규 일자리는 고작 900개뿐이라고 합니다. 자동차 산업의 대표적 기업 제너럴모터스(GM)의 1955년 종업원 수는 60만 명이었습니다. 하지만 지금 한국의 대표적인 자동차 기업인 현대자동차와 기아자동차의 노동자 수를 다 합치면 10만 명 정도입니다. 삼성전자도 10만 명 정도입니다. 가장 큰 매출을 올리는 대표적인 IT 기업 구글도 2015년까지 직원이 고작 5만 명뿐이었고, 그나마 지금은 엄청 늘어서 10만 명입니다. 구글의 전 세계 직원 10만 명이 2019년에 올린 매출이 1618억 달러입니다. 페이스북의 직원도 5만 명 남짓일 뿐입니다. 이들은 수는 적지만 큰 부가 가치를 창출합니다. 그만큼 연봉도 아주 높지요.

반면 안 좋은 일자리는 계속 늘어나고 있습니다. 우버, 택배 배송 같은 일은 자기가 일한 만큼의 수익을 얻습니다. 빈 시간에 일할 수 있다는 장점도 있지만, 다치거나 아파서 쉬게 되면 그 손실은 고스란히 개인이 감수해야 합니다. 이들은 코로나19로 인한 감염 위험의 최전선에 있지만 감염을 예방하는 것도 온전히 개인의 책임입니다. 임시로 하는 긱 노동(gig labor), 혹은 플랫폼 노동은 자기 시간을 마음대로 쓸 수 있고 자유롭다고 긍정적으로 보는 시선도 있지만, 20세기에 노동의 가치와 노동자의 안전을 위해 싸워서 만들어 온 사회적 안전망의 보호를 받지 못한다는 큰 단점이 있는 것은 분명합니다. 이 사회적 안전망들은 회사 조직에 속했을 때만 보장되기 때문입니다.

자기 마음대로, 자기가 하고 싶은 시간에, 하고 싶은 곳에서 일을 하면서 일정 금액 이상의 소득을 올릴 수 있는 사람은 매우 극소수입니다. 탁월한 전문가이거나 이미 능력이 검증되고 자리를 잡은 사람들뿐입니다. 또한 플랫폼을 만들고 운영하는 사람과 그 플랫폼을 이용하는 사람의 노동의 가치는 점점 차이가 나고 있습니다. 이렇게 우리 사회의 일자리는 점점 더 양극화되고 있습니다.

저는 토요일 저녁에 「놀면 뭐하니?」라는 TV 프로그램을 보면서 그 변화가 일상이 되었다는 것을 느꼈습니다. 아시다시피 이 시간은 원래 「무한도전」의 시간이었습니다. 유재석 씨를 포함한 6명의 고정 출연자가 10년 동안 최고의 시청률과 인기를 누렸죠. 그러다 1년여의 휴식기를 가지고 김태호 피디는 새로운 프로그램을 시작했습니다. 이 프로그램의 포맷은 유재석 씨 1명만을 고정 멤버로 두고 그 외 출연자들은 2~3개월 단위로 돌아가는 프로젝트에 일시적으로 합류하는 방식이었습니다. 전에는 6명이 공동으로 출연해 책임과 과실을 나눠 가졌다면, 이제는 유재석 씨만 붙박이로 있으면서 나머지 자리는 그때그때 유동적으로 콘셉트에 맞게 교체됩니다.

이 새로운 포맷은 성공을 거뒀습니다. 이전의 고정 출연자들에게는 미안하지만 시청자들은 자주 바뀌어 신선해지는 시스템에 금방 익숙해졌지요. 토요일 저녁 시간대, MBC라는 지상파 방송, 그리고 김태호 피디라는 '플랫폼'은, 유재석이라는 검증된 인재만 고정적으로 고용하는 방식으로 시장에 재진입을 한 것입니다. 이런 변화가 제 눈에는 무언가 '상징적'인 것으로 보였답니다. 머지않아 이런 시스템은 사회 전반으로 퍼질 것입니다.

양극화에 대한 이야기를 하면 이렇게 되묻는 분이 있어요.

"능력 있는 사람이 자기가 일한 만큼 가져가는 것이 왜 문제죠?"

이런 생각을 '능력주의'라고 합니다. 우리 사회에 어느새 깊이 뿌리 박혀서 너무나 당연하게 여겨지는 개념이죠. 이 개념이 생긴 유래를 한번 살펴볼 필요가 있습니다.

이 개념은 서구 사회에서 산업 혁명 이후, 즉 상공인들이 돈은 많이 버는데 사회적 지위나 인정은 얻지 못하던 시기에 만들어졌습니다. 중세의 신분 사회가 여전히 공고한 시기에 귀족은 하는 일도 없이 귀족이라는 지위만으로 좋은 자리를 차지하고, 노동을 하지 않으면서도 가지고 있는 넓은 영토에서 많은 수익을 거둬들이고, 나라에 따라서는 세금도 면제받았습니다. 나라의 정치적 권력까지 그들이 독차지했죠.

이에 대해 당시 점차 세력을 넓혀 가던 부르주아, 즉 신흥 상공인 세력은 그것이 신분에 의한 특권이라고 강하게 비판하면서 기회를 균등하게 해서 능력에 따라 성공하고 인정받는 것이 옳다고 주장했습니다. 모두가 평등한 출발선에서 시작해 능력에 따라 평가를 받아야 한다는 생각이 확산되면서 서구 사회에서는 능력주의가 자리 잡을 수 있었고 우리나라에서도 일반화되었지요.

하지만 요즘은 능력주의에 대한 비판이 제기되고 있습니다. 거기에는 여러 이유가 있지만, 능력주의 역시 공평하지 않다는 것이 그 중 하나입니다. 능력을 갖추려면 양질의 교육을 받아야 하고, 시험을 통과하려면 시험을 대비할 만한 시간과 노력, 그리고 후원이 필수입니다. 경쟁이 심해질수록 그렇지요. '기울어진 운동장'이라는 말도 나오고, 누구는 2루에서부터 게임을 시작한다고도 합니다.

그런 생각에는 근거가 있습니다. 우리 사회는 이제 저성장 시대를 맞이했습니다. 20~30년 전에 비해 성장 속도가 매우 느려졌습니다. 30년 전만 해도 대학을 졸업하면 바로 취업이 되었고, 결혼하고 몇 년이면 신도시에 아파트 한 채는 분양받을 수 있었습니다. 큰 위기만 없다면 급여가 인상되었고 은행의 금리도 꽤 높아서 모아 놓은 돈은 금방 목돈이 되었죠. 이것이 가능했던 것은 부모 세대의 능력이 좋은 면도 있겠지만, 우리 사회가 급속히 팽창하던 시기였기 때문이기도 합니다. 찢어지게 가난하던 나라가 꽤 괜찮은 중위 개발도상국으로, 인구 5000만 명 이상인 국가 중 1인당 국민 소득 3만 달러를 달성한 7개국(미국, 독일, 프랑스, 일본, 영국, 이탈리아) 중 하나가 되었습니다.

그런데 사회가 이 정도 단계에 진입하면 그때부터는 더 발전하기가 어려운 곡선에 들어옵니다. 사회가 빠른 발전 단계에서 안정화 단계로 접어들면 사회의 간격이나 시스템이 촘촘해져서 사회적 지위의 상승이 어려워지는 것이 일반적입니다. 얼렁뚱땅 성공하는 사람이 쉽게 나오지 않는 것이죠. 유동성이 줄어들고, 사회적 지위나 계층은 대를 이어 내려가서 계층 이동이 어려워집니다. 이는 우리나라뿐만이 아니라 세계 선진국 여러 나라에서 나타나는 현상입니다.

그래서 부모는 더욱 불안합니다. 세상이 변하고 있으니 지금 자신들이 가지고 있는 것을 고스란히 물려주거나, 최소한 나보다 나은 사람으로 키우려고 합니다. 하지만 과거 「무한도전」에서 6명 안에 들면 되는 것에 비해 유재석 씨처럼 인정받는 자리를 차지할 확률은 6분의 1로 줄어들었습니다. 예전에는 30명이 6개의 자리를 놓고 경쟁하고 한번 들어가면 10년은 안정적으로 일할 수 있었는데, 이제는

300명이 같은 자리를 원하고 한번 자리를 잡아도 석 달 한 시즌이면 끝이 납니다. 더 이상 '문 닫고 들어갔으니 안심이야.' 할 수는 없는 것이죠. 좋은 자리를 원하는 사람은 많은데, 자리의 개수는 줄어들어 경쟁은 심해졌고, 한번 얻은 자리도 오래 보장받지 못하는 세상이 된 겁니다. 그러다 보니 어떤 부모들은 '충분한 후원'을 넘어서서 과한 후원을 하고, 경우에 따라서는 해서는 안 되는 일까지 과감하게 합니다. 그런 일들이 능력주의로 포장되어 합리화되고 있으니 효용성이 충분히 남아 있음에도 능력주의가 비판받고 있는 것이라 생각합니다.

서구의 다른 나라가 100~200년 동안 거쳐 온 변화를 우리는 겨우 50~60년 만에 속성으로 성취했습니다. 그러니 사회의 안정화 단계를 인정하기보다, 여전히 과거의 능력주의를 기반으로 한 '현기증 나는 유동성'을 원합니다. 하지만 우리 사회도 이제는 저성장 안정화 단계에 상당히 많이 진입했다는 사실을 인정할 필요가 있습니다.

자, 우리 아이들의 미래를 중심으로 지금까지의 이야기를 요약해 보면 이렇습니다. 고전적인 노동 시장의 고용 형태는 더 이상 지속되기 어려울 것 같습니다. 일부는 남아서 존속하겠지만 더 많은 부분이 유동적으로 바뀔 것입니다. 전에 비해 아주 적은 수의 사람이 아주 많은 성취를 할 것이고, 대다수의 사람들은 불안정한 일에 종사하게 될 겁니다. 교육과 평가에 따른 능력주의는 전과 같은 인정을 받기 어려울 것입니다.

이런 변화들 앞에서, 우리 아이들은, 부모들은 어떤 준비를 해야 할까요?

6장

앞으로 아이들에게 필요한 감정 능력

예전에는 많은 부모가 아이의 공부에 '올인'했습니다. 수능에서 높은 점수를 받고 좋은 대학에 가는 것만으로도 좋은 일자리와 안정된 삶을 얻을 수 있었으니까요. 앞으로는 조금 달라집니다. 아이들은 '공부하는 힘' 말고도 다른 힘들이 필요해졌습니다. 특히 '감정 능력'이 더욱 필요합니다. 이 장에서는 이후 사회에서 살아갈 아이들에게 필요한 마음의 힘들을 살펴보겠습니다.

신남과 짜증 사이,
감정의 스펙트럼

제가 만나는 십 대들 중에는 감정을 잘 조절하지 못하는 경우가 많습니다. 뚱하게 있다가 작은 잔소리에 느닷없이 화가 폭발하고 눈물을 터뜨리는데 쉽게 가라앉지 않습니다. 스스로도 그런 감정의 출렁임에 당황합니다. 스위치를 잘못 건드렸더니 대형 앰프에서 엄청난 볼륨의 소리가 터져 나와 고막을 찢을 듯한 고통을 주는 것 같습니다.

더 큰 문제는 자기가 지금 어떤 감정을 느끼고 있는지도 잘 인식하지 못한다는 것입니다. 지금 뭐가 힘들고 괴롭냐고 물으면 "다 짜증나요." "화나요." "몰라요."라고 대답합니다. 무엇 때문에 짜증이 나냐고 물으면 "엄마 때문이에요." "모르겠어요. 그냥 짜증이 나요." "가만히 내버려 두세요. 내가 알아서 할게요."라고만 말합니다. 도대체 어디서부터 풀어야 할지 알 수 없으니 해결의 문을 여는 열쇠를 찾기도 어렵습니다.

애니메이션 「인사이드 아웃」을 떠올려 보세요. 십 대 초반인 아이의 마음 안에서는 '기쁨이'가 주도하고 '슬픔이'는 제일 뒤로 빠져 있습니다. 아직 아이의 마음에는 다섯 개의 감정만 존재합니다. 단순한 감정들이 판단을 주도하지요. 사춘기를 맞으면서 아이의 마음속 제어판은 훨씬 더 복잡해지고 버튼의 수가 많아집니다. 무엇보다 기쁨이가 아닌 슬픔이가 제일 중요한 위치에 있게 됩니다. 이렇게 감정이 분화되는 것이 정상적인 감정의 발달입니다. 여섯 가지 색상이던 크레용이 24색, 32색으로 늘면 표현할 수 있는 것이 훨씬 많아지는 것처럼요.

그런데 지금 우리 아이들은 '신나요'와 '짜증 나' 두 개의 버튼만 있는 것 같습니다. 복잡한 인간의 감정을 선과 악으로만 봅니다. 좋은 것과 나쁜 것, 내게 이득이 되는 것과 아닌 것으로만 보고 나눕니다. 단순해져서 좋지만 그러다 보면 설 곳은 점점 좁아지겠지요. 나이가 들수록 점점 관계는 복잡해지고 다뤄야 할 감정의 변수가 많아지고 그로 인한 영향이 커집니다. 특히 십 대 여자아이들의 관계에서 감정을 읽고 표현하는 능력이 떨어지는 것은 꽤 치명적입니다. 친구의 감정을 제대로 읽지 못하고 적절히 받아치지 못하면 바로 거리감이 느껴지고 재미없는 친구가 되어 버립니다.

이러면 확 우울해지거나 아니면 아예 감정의 문을 닫아 버립니다. 이건 더 큰 문제입니다. 차라리 우울하면 지금의 상태에서 벗어나기 위해 여러 시도를 하는데 이런 경험은 나중에 도움이 됩니다. 그렇지만 감정의 문을 닫으면 삶에 흥미를 잃고 그 시기에 익혀야 할 감정 발달이 멈춥니다. 감정을 뜻하는 영어 단어가 emotion인데, 동작(motion)을 포함합니다. 내 마음이, 행동이, 판단이 나아갈 방향을 제시하는 역할을 감정이 합니다. 그런데 '신나요'와 '짜증 나' 두 가지 감정만 있다면 남북 두 방향만 있는 아주 단순한 나침반인 셈입니다. 360도를 세세하게 구분해서 정확히 남서쪽 15.3도로 방향을 틀 수 있게 해 주는 것이 잘 발달한 감정의 기능입니다.

감정을 느끼는 것을 낯설어하는 아이들은 사람과 사람이 부딪쳤을 때 생기는 불가피한 최소한의 갈등도 피하면서 지냅니다. 그러다 보니 툭 치면 떼굴떼굴 구릅니다. 위험하지 않은 감정에 겁을 먹습니다. 감정을 못 느끼면서 감정에 대해 강한 감정적 반응을 하기 일쑤입니다.

요즘 아이들이 이렇게 된 이유는 무엇일까요? 아이들이 화를 낼 일도, 아주 슬퍼할 일도, 엄청나게 아파할 일도 별로 경험하지 못한 채 자란 결과라 생각합니다. 평온해 보이지만 무료하고 권태로울 수 있습니다. 아이가 아플까 봐, 다칠까 봐, 너무 경거망동해 보일까 봐 부모가 방어해 주고 자제시키면서 키운 덕분입니다.

기계와 인간의 차이는 감정입니다. 기계는 죽었다 깨어나도 인간이 가지고 있는 섬세한 감정을 느끼지도 표현하지도 못합니다. 그래서 앞으로 더욱 감정이 중요해집니다. 그렇다고 감정에 휘둘리는 사람이 되어야 한다는 것은 아닙니다. 감정의 폭이 넓고 세분화되어 적절한 균형 감각을 가진 어른으로 자랐으면 하는 것입니다.

그러려면 감정을 두려워해서는 안 됩니다. 감정 훈련을 못 받고 십대가 되는 것은, 어릴 때 적절한 길들이기 교육을 받지 않은 30킬로

그램짜리 시베리아허스키 성견이 목줄이 풀린 채 날뛰는 일이 될 수 있습니다. 강형욱 선생이 와도 고치기 어렵습니다. 감정에 압도당하면 그것을 관리하는 데 너무 많은 에너지를 써야 하고 그러다 진짜 해야 할 일은 하지 못한 채 지쳐 버립니다.

감정 훈련을 위해 제일 먼저 해야 할 것은 '감정에 거리 두기'입니다. 감정은 위험하지 않다는 것을 깨닫는 것입니다. 무엇이든 감정이 얹히면 뻥튀기가 됩니다. 초등학교 5학년이 학원에서 시험 한 번 잘못 봤다고 "나는 대학에 못 갈 거야. 끝장이야."라며 감정에 의한 확장성 편향이 일어나는 것입니다. 그때 엉엉 울고 있는 아이에게 "아니야. 말도 안 되는 소리 하지 마."라고 하기보다는 아이가 그 감정에 매몰되지 않고 감정에 거리를 두고 보도록 합니다. 약간의 거리와 잠깐의 시간이면 충분합니다. 그러고 난 다음 다시 평가하게 합니다. 감정에 의해 어떤 증폭이 일어났는지, 그것이 얼마나 비합리적인지 이해하는 과정입니다. 지금 이 일에 대해 1 아니면 10으로 반응할 것이 아니라 3이나 4 정도로 충분했다는 것을 계량화할 수 있으면 더욱 좋습니다. 그러면서 적당한 진폭을 알게 됩니다. 그런 경험들을 쌓아 가야 합니다.

감정이 세분화되고 균형 감각을 갖게 되면 감정에 압도당할 일이 없고 소소한 튜닝만으로도 정확하게 감정을 인식하고 표현할 수 있어서 에너지 낭비가 일어나지 않습니다. 선순환이 일어나는 것이지요. 지금 우리 아이들에게 필요한 것은 지식의 양이 아니라 넓게 펼

칠 수 있는 감정의 폭입니다. 감정의 광대역에 압도당하지 않는 건강한 자아가 있어야 합니다.

감정을 잘 다루는 사람은 타인과의 대화나 관계도 여유 있고 멋지게 합니다. 상대의 감정을 잘 읽고 적절히 반응하니, 상대방을 편안하게 만들면서 본인도 편안해 보입니다. 자신의 흥분과 열정을 내보이면서도 이를 경계선 안에서 넘치지 않게 유지할 줄 압니다. 자신감이 있어 보이면서 건방져 보이지 않습니다. 말은 쉽지만 실제로 하려면 꽤 어려운 일인데, 그것을 해내는 것이 감정의 균형 감각입니다. 그런 감각이 있는 사람은 매력적입니다. 인간적이라는 평을 듣습니다. 즉 "머리는 좋은데 로봇 같아."라는 평의 반대편에 있는 것입니다.

감정의 균형 감각을 가지면 무엇보다 극단적인 감정 반응을 하지 않게 됩니다. "난 망했어." "난 제대로 하는 것이 하나도 없어." "엄마가 나한테 해 준 게 뭐야?" "아무도 날 좋아하지 않아."와 같은 극단적인 표현을 하지 않고 "속상해." "이번에는 잘 안 됐네." "이건 별로 하기 싫어요."와 같이 적절한 수준에서 자기감정을 표현할 수 있습니다. 작은 실패를 겪거나 관계에 흠집이 생겼을 때 명치에 주먹 한 방 강하게 맞은 것처럼 반응하던 것을 더는 하지 않게 됩니다. 급소에 맞은 것이 아니라 어깨에 툭 하고 한 대 맞았을 뿐이라는 것을 알게 되었으니까요. 그러니 그 고통도 오래가지 않습니다. 그것만으로도 좋은 변화입니다. 자신의 감정에 거리를 두니 십 대에 흔히 있는,

또래 집단에 감정적 동조를 하는 것도 줄어들어 휩쓸리지 않을 수 있습니다. 어른이 된 다음에도 분위기에 편승해서 편향된 정치적, 사회적 견해를 갖지 않을 수 있습니다. 세상은 사람들이 기대하는 것만큼 단순하지 않다는 것을, 내가 느끼는 감정의 복잡함을 통해 이미 잘 알고 있으니까요.

흑백의 세계는 단순하고 분명하지만 중간쯤 있는 사람들을 어느 한쪽에 서도록 강요합니다. 그러면 누군가는 다치고 맙니다. 코로나19의 위기 상황이 지속되면 그런 경향이 강해질 수 있습니다. 또 인공 지능은 세상과 인간 삶의 복잡함을 통째로 부정하면서 0과 1의 판단으로 단순화할 위험이 있습니다. 이럴 때일수록 인간만의 '촉', 즉 넓고 깊고 세련된 감정 능력이 빛을 발할 것입니다.

볼펜으로 할 수 있는 100가지 일,
확산적 사고

"세븐틴, 아이콘, 엑소의 공통점은?"

"아이돌 그룹."

유치한 퀴즈죠? 그런데 우리가 하는 공부란 대체로 이런 구성입니다. 지능 검사에도 이런 질문이 포함되어 있습니다. 두꺼운 책을 읽고 그 책의 핵심을 뽑아내서 간략히 정리하는 것, 언뜻 보면 관련 없어 보이는 것들 사이의 연관성을 찾아내는 것, 서로 다른 의견을 개진하고 있는 문장들에서 결론을 도출하는 것, 이 모든 것은 수렴적 사고를 요구하는 과제입니다. 가장 좋은 하나의 정답을 찾기 위해 깔때기에 몽땅 쏟아부은 후 진액을 추출하는 것입니다.

제가 했던 의학 공부는 가장 고전적인 수렴적 사고 훈련이었습니다. 텍스트로 된 방대한 양의 이론을 머릿속에 정리하고, 나에게 던져진 수많은 검사 자료를 통해 이 환자에게 맞는 가장 핵심적인 진단을 찾아냅니다. 그리고 다시 여러 가지 치료 방법과 환자의 요건들을 모두 수렴해서 최선의 치료법을 제시하는 것이죠. 의대에서는 나에게만 새로울 뿐 이미 100% 검증되고 확인된 것들만 배웠습니다. 머리가 터질 것같이 많은 정보를 잘 수렴해서 진액만 남기는 것이 공부의 요체였습니다. 만일 제게 새로운 아이디어가 떠오른다고 그것을 곧장 환자에게 적용하면 큰일 나겠죠?

그렇지만 앞으로의 세상에서는 이런 방식의 사고에 능숙한 사람은 전망이 썩 밝지 않습니다. 이런 일은 인공 지능이 훨씬 잘하기 때문입니다. 컴퓨터와 경쟁해서 사람이 이기기 어려운 영역입니다. 가장 적절한 해결책을 선택하는 일에는 여전히 인간이 결정할 부분이 있겠지요. 그렇지만 어떤 과정을 빨리 반복해서 틀리지 않고 해내는 것은 이제 인간이 잘한다고 칭찬받을 만한 일은 아니게 되었습니다.

그보다는 남들이 전혀 생각하지 못했던, 인공 지능이나 기계 학습으로는 절대 만들어 내지 못할 창의성이 강한 사람이 돋보일 것입니다. 창의성을 발전시키기 위해서는 수렴적 사고가 아닌 확산적 사고 능력이 더 필요합니다. 방향을 바꿔야 하는 것이죠, 익숙한 곳에서 낯선 방향으로.

확산적 사고는 주어진 정보를 추리는 것이 아니라 거기서부터 시작해서 생각의 경계를 넓혀 나가는 것입니다. 다양한 질문을 하고, 전혀 다른 각도에서 생각해 보고, 다시 궁금해하면서 가지를 뻗어 나가는 것입니다. 마인드맵 그리는 것을 연상해 보시면 됩니다. 마인드맵을 그리다 보면 고정된 틀에서 벗어나서 독창적인 것이 갑자기 확 떠오르기도 합니다.

확산적 사고를 하려면 지금까지의 경험과 관습 체계로부터 자유로울 수 있어야 합니다. 그래야 보이지 않던 것이 보입니다. 빨리 답을 내는 것보다 천천히 시간을 두고 관찰하며 하찮아 보일지 모르는 주변부의 디테일에서 반전과도 같은 핵심을 찾아내려고 노력해야 합니다. 일상의 루틴이 관성을 준다면, 비일상의 변칙은 확산적 사고에 도움이 됩니다.

흔히 브레인스토밍을 처음 연습할 때 이렇게 합니다. 볼펜을 하나 제시하면서 이것의 용도를 돌아가면서 이야기해 봅니다.

"글씨 쓰기, 머리 긁기, 이빨로 물기, 선물하기, 앞사람 쿡 찌르기, 스프링을 꺼내 자물쇠 열기, 테이블을 두드려 무료함 달래기……."

이때 중요한 것은 황당하고 엉뚱하고 맥락이 없더라도 호기심을 가지고 수용하고 북돋는 것입니다. 말도 안 되는 실패도 웃으면서 받아들이고 한번 더 생각해 보도록 지지하는 것입니다. 10개 중 9개까지 성공률을 높이면서 기대했던 답을 빨리 찾아내는 것이 수렴적 사고의 목표라면, 100개 중 99개는 말도 안 되는 생각이지만 단 1개라도 아무도 떠올리지 못한 색다른 것을 발견하는 것이 확산적 사고의 목표입니다. 그만큼 이런 시도에는 실패와 덧없음, 힘 빠짐이 함께할 수밖에 없습니다.

확산적 사고를 활발하게 하기 위해서는 감정도 중요합니다. 연구에 따르면 감정에 따라 촉진되는 사고가 다르다고 합니다. 슬프고 우울하면 세부적이고 신중한 사고가 촉진됩니다. 위험하거나 안정적이지 않은 상황이라고 여기고 신중하게 생각하고 작은 부분에서 실수가 벌어지지 않도록 긴장합니다. 그에 반해 즐겁고 기쁜 마음이 주도적일 때에는 직관적이고 확산적인 사고가 촉진됩니다. 기분이 고양되면 자신감도 커지고 내가 결정한 것이 옳다는 느낌이 들지요. 또 새로운 것을 해 봐도 좋지 않을까 하는 느낌이 들어 아이디어가 막 떠오릅니다. 안전하고 풍요로운 상태이니 실패해도 되는 시도를 해 보고 싶어지는 것이죠.

따라서 아이의 확산적 사고를 발달시키기 위해서는 겁을 주고 혼을 내기보다 아이의 엉뚱한 생각에 긍정적인 반응을 해 줘야 합니다. 실패를, 다른 기회를 얻을 수 있는 축복으로 받아들이고 함께 기뻐해 주어야 합니다. 또 아이의 엉뚱한 상상들을 아이의 재능으로 인정해 주는 것이 좋겠습니다. 아이가 신이 나서 뭔가를 궁리하고 시도해 볼 수 있는 감정적 환경을 만들어 주어야 합니다.

복제할 수 없는 나,
희소성

20년 전만 해도 동네 빵집의 수준은 그리 좋지 않았습니다. 제빵사들이 각기 자기 재주로 동네 빵집을 열었기 때문에 잘하는 집도 있었지만 그렇지 못한 집도 많았습니다. 평균이 50점이라면 90점짜리 빵집은 소수였죠. 그러던 중에 프랜차이즈 빵집이 등장했습니다. 대기업에서 생지를 제공하고 같은 훈련을 받은 제빵사들이 고용되어서 같은 레시피와 기계로 빵을 만들어 냅니다. 규모의 경제가 되니 빵값도 저렴해졌습니다. 평균의 힘입니다. 전체적인 평균이 낮을 때에는 이런 접근이 아주 효과적입니다. 그 덕분에 우리는 전국 어디를 가도 프랜차이즈 빵집만 들어가면 똑같은 가격과 맛의 소시지빵과 식빵을 구할 수 있게 되었습니다. 프랜차이즈 빵집이 보편화되면서 80점 수준까지 평균값이 올라갔습니다.

그런데 평균값이 높아지자 사람들은 뭔가 특색 있는 빵을 원하기 시작했습니다. 그러자 동네 빵집이 다시 떠오릅니다. 이번에는 자기만의 레시피로 작지만 개성 있는 빵집을 여는 곳들이 여기저기 생겼습니다. 이런 빵집만 찾아다니는 '빵 순례'라는 말도 생겼죠. 부산 광안리 인근의 남천동은 아예 '빵천동'이라고 불리는데 한번 둘러보았더니 독특한 빵집이 골목 구석구석 엄청나게 많더군요. 어디가 제일 좋다는 말을 할 수 없었습니다. 한 곳 한 곳이 다 특색이 있고 그래서 상생하며 경쟁하니까요.

프랜차이즈 빵집의 제빵 기사로 근무하면 비교적 안정적인 수입은 얻을 수 있지만 언젠가는 자신의 기술이 더 정교한 기계로 대체될지 모른다는 불안이 있습니다. 그에 반해 작은 빵집을 하는 것은 큰돈을 벌 수는 없을지 모르나, 대체할 수 없는 나만의 개성으로 내가 좋아하는 일을 하면서 먹고살 수 있다는 즐거움과 성취감을 줍니다. 저는 이러한 빵집 지형의 변화가 우리의 미래 사회를 5~10년쯤 앞서서 보여 주는 것 같습니다.

부모는 세 번 성적표를 받는다는 우스갯소리가 있습니다. 아이가 대학 갈 때, 취직할 때, 마지막이 결혼할 때라지요. 자잘한 것 말고 큰 성적표만 세 개입니다. 세 번 좋은 성적표를 받으면 이후 중산층의 삶을 영위할 수 있다고 기대하기 때문일 겁니다. 즉 모두가 같은 것을 공부하고 그 평균에서 아주 탁월한 능력치를 보여 주는 사람이 좋은 대학에 가고, 그것을 바탕으로 좋은 직장에 들어가고, 마지막으로 능력에 걸맞은 좋은 배우자를 만나면 성공한 삶이라 여깁니다. 그러니 그 첫 단추인 교육만이 살길이라며 믿고 따를 수밖에요.

하지만 앞에서 계속 이야기했듯이 앞으로의 세상은 달라질 것입니다. 먼저 인정할 것은, 이 시스템 안에서 상위 1~2%에 드는 '평균적으로 시험 보는 능력이 탁월한' 아이들은 분명히 큰 이득이 있고 좋은 자리를 얻을 수 있다는 겁니다. 만일 아이가 이쪽에 재능이 있다면 저는 당연히 지금의 흐름대로 가는 것을 권하고 싶습니다. 중요한 것은 나머지 98~99%의 아이입니다. 100명 중에 1~2명만 뽑히는 경주에 시간과 에너지를 모두 투자했는데 1, 2등을 못한 채 레이스가 끝나면 지금까지 해 온 노력과 경험치는 별다른 쓸모가 없어집니다. 생각만 해도 등골이 오싹하죠. 그래서 아이 하나하나의 개별적 능력을 찾는 것에 주력해야 합니다. 이왕이면 인공 지능, 컴퓨터, 자동화와 경쟁할 필요가 없는 능력 말입니다.

하지만 부모는 불안합니다. 확실히 검증된 기존 방식대로 경쟁하는 것이 안전한 것 같으니까요. 최근 뉴스에서 서울 강남 지역의 한 중학교가 혁신 학교로 지정되기로 하자, 학부모들이 강하게 반발을 해서 보류되는 일이 있었습니다. 부모들의 반대 이유는 '혁신 학교의 학력 저하' 때문이라고 합니다.

흥미로운 것은 초등학교까지는 학부모들이 혁신 학교를 반긴다는 것입니다. 초등학교까지는 아이가 여유롭게 놀고, 다른 것을 두리번거리고, 토론식 수업을 하는 것을 받아 줄 수 있지만 중학교부터는 한눈팔지 않고 달려야 한다고 보기 때문이지요. 그만큼 불안은 힘이 셉니다. 하지만 아이의 미래를 바라볼 때에는 불안에 휘둘리기보다 마음을 단단히 먹어야 합니다.

4차 산업 혁명의 시대에는 무한 복제가 가능한 생산물의 생산 가치와 교환 가치가 0에 수렴할 것입니다. 즉 이제는 한 가지 우월한 능력이 있다 해도 시장에서 그 가격을 낮추고 희소성을 없앨 방법이 금방 나타납니다. 한 가지 능력이 사회를 독점하기 어려워지지요. 그래서 자기만의, 복제할 수 없는 능력을 갖추는 것이 그 어느 때보다 필요해졌습니다.

그것을 심리학에서는 개성(individuality)이라고 하죠. 그동안 '개성 있다'라는 말은 '튀는 사람' '잘 어울리지 못하는 사람'을 돌려서 말하는 데 쓰이곤 했습니다. 하지만 이제 '개성 있다'는 '생존력이 있다' '저 친구 말고는 못 하는 일이지'의 동의어가 될 것입니다. 개성을 뜻하는 individual이 바로 나눌 수(divide) 없는(in)을 조합해서 만든 단어죠. 즉 더 이상 나눌 수 없는 단 하나의 가치, 그것이 개성입니다.

개성은 인간의 본성이기도 합니다. 쌍둥이를 키울 때 부모는 흔히 같은 옷을 입히고 예뻐합니다. 그런데 이 아이들이 3세가 넘어가면서 자기 정체성이 생긴 이후에는 자신이 좋아하는 옷을 입고 싶어 합니다. 유전자를 100% 공유한 존재끼리도 서로 다르고 싶은 겁니다.

이를 다른 말로 '희소성'이라고 합니다. 100명의 아이가 자라서 어른이 되면 100개의 개별적인 희소성이 있었으면 합니다. 각자의 희소성을 지켜 나가면서 삶을 영위할 방법을 찾는 것이 미래의 성인이 갖춰야 할 능력이니까요. 그래서 다시 주목해야 할 것이 인간의 다차원성이고 보이지 않는 재능 찾기입니다. 성격도 타고났기에 절대 바뀌지 않는 것이 아니라 '맥락에 따라 다르게 반응하는 것'으로 봐야 합니다. 소심하고 예민한 성격은 다른 각도에서 보면 신중하고 예의 바른 성격이기도 합니다.

앞으로는 100명의 아이가 100가지 다른 일을 하면서 자기 인생을 만들어 가는 겁니다. 사회적 명망과 지위, 엄청난 수입을 얻을 수는 없을지 모릅니다. 그러나 소소하지만 즐거운, 평범해 보이나 절대 시시하지 않은 사람으로 살아갈 수 있기를 바랍니다.

인공 지능을 이기는
인간의 경쟁력, 공감 능력

인공 지능과 로봇이 인간과 자리다툼을 할 때 인간이 더 유리한 점은 무엇일까요? 바로 타인의 감정을 느끼고 적절히 반응할 줄 아는 능력입니다. 그래서 간호사, 물리 치료사, 보육 교사, 반려동물 훈련사 등이 미래의 유망한 직업으로 꼽힙니다.

공감은 스트레스에도 강한 힘을 발휘합니다. 고전적으로는 스트레스를 받을 때 몸에서 나오는 반응을 아드레날린으로 설명했습니다. 싸울까 도망갈까(fight or flight)의 반응에 영향을 주는 것이지요. 그런데 얼마 전부터 주목받는 것이 바로 옥시토신입니다. 이 호르몬은 원래 자궁을 수축시키는 기능을 합니다. 아기를 낳을 때 엄마의 몸에서 가장 많이 나옵니다. 출산 후에도 옥시토신 호르몬은 유지되는데, 아기를 돌보는 행위를 촉진하기 위해서입니다. 연구가 더 진행되자 옥시토신은 스트레스를 경험할 때에도 분비량이 늘어난다는 것과, 여성뿐만 아니라 남성에서도 증가한다는 것을 알게 되었습니다. 아드레날린이 혼자서 맞서 싸우거나 빨리 도망가는 기능에 도움을 준다면, 옥시토신은 뭉치게 하고 남을 돕는 이타적 행위를 하게 합니다. 사회적 동물로서 인간이 서로 힘을 합쳐 위기를 탈출하게 하는 데 도움이 됩니다. 여기에 옥시토신이 큰 힘을 발휘하도록 하는 조작 버튼 중 하나가 바로 공감 능력입니다. 남의 아픔을 내 것인 양 느끼고 함께 대응하겠다는 판단을 하도록 돕는 것입니다.

공감 능력을 키우려면 먼저 감정을 느끼는 것부터 시작해야 합니다. 연민(compassion)입니다. 따뜻하면서도 민감하게, 내가 타인을 바라볼 때 사용하는 것과 똑같은 렌즈로 나를 바라보는 것부터 시작합니다. 타인을 바라볼 때와 같이 나를 볼 줄 알면 내 감정이 조금씩 느껴집니다. 이어서 나의 감정이 특별하고 유별난 것이 아니라 상황에 따른 결과라는 것을 인정하는 것이 다음 단계입니다. 그렇게 서서히 감정과 연결해 나가고, 다시 타인의 심상을 내 마음 안에서 느끼고 그려 보는 연습을 합니다.

이로써 타인의 경험이 눈에 띄고 내 안으로 들어옵니다. 그냥 강 건너 불구경이 아니라 내 일이 될 수 있다는 생각으로 이어지면서 타인의 고통과 괴로움을 같이 해결하고 싶은 욕구가 생깁니다.

이를 통해 갖게 되는 가장 큰 이득은 '나만 특별하지 않다는 것'을 깨닫는 것입니다. 나는 소중하지만 그만큼 다른 사람도 소중하고 다른 사람도 내가 느끼는 것과 같은 괴로움을 느낀다는 사실을 깨닫습니다. 내가 부모에게 혼이 나는 것이 싫듯이 내 친구도, 동생도 모두 그렇다는 것을 깨닫습니다. 그래서 연민은 공감으로, 더 나아가 친절과 이타적 행위로 나아갈 수 있습니다. 관심과 도움을 필요로 하는 곳을 환히 비추는 스포트라이트 같은 역할을 하는 것이죠.

그것이 내 가족이나 아주 가까운 사람들만을 위한 좁은 영역의 공감이 되어서는 안 됩니다. 공감의 필요성보다 조금 앞서는 뇌의 작동 기제가 '아픈 것, 불편한 것을 가급적 피하고 싶다'는 것이기 때문입니다. 공감은 사람을 불편하게 합니다. 공감 능력이 너무 좋은 사람은 그래서 사는 것이 피곤하고 잘 지칩니다. 남에게 퍼 주다가 지치고 상처받고 다치기 일쑤입니다.

공감이 싹틀 때 아픔을 더 많이 경험한 사람은 타인의 문제를 회피하려 할 수도 있습니다. 충분히 이해는 가지만 그것을 인정한 상태에서 조금씩 공감 능력을 키워 나가도록 돕는 노력이 필요합니다. 공감을 못 하는 것이 아니라 안 하는 사람도 있습니다. 할 줄 알지만 여러 이유로 하지 않는 것입니다. 사이코패스와 자폐증은 이 부분에서 분명히 구별이 됩니다. 우리도 상황에 따라 공감 능력을 펼치지 않을 때가 있습니다.

그런데 평소 훈련이 되어 있지 않으면 공감을 제때 적절히 발휘하는 것이 잘 안 됩니다. 어떻게 하면 좋을까요?

이럴 때는 보편성보다 구체성이 효과적입니다. 이스라엘 히브리대학의 코굿과 리토브가 한 실험입니다. 사람들에게 한 아이의 목숨을 살리는 약을 개발하는 데에 얼마를 기부하겠냐고 물은 다음, 8명의 목숨을 살릴 수 있는 약을 개발하는 데에 얼마를 기부하겠느냐고 또다시 물었습니다. 두 번 모두 기부액은 대동소이했습니다. 그런데 아이의 이름과 사진을 보여 주자 갑자기 기부액이 많아졌습니다. 구체적인 정보가 공감 능력을 향상시키는 데 도움이 된 것입니다. 구체적일수록 이미지가 선명해지고 시급하게 느껴지며 내가 뭔가를 해 주고 싶어집니다. 그러니 공감이 필요할 때는 가까운 사람으로 느낄 만한 연관성을 찾아서 생각해 보도록 하는 것도 좋습니다.

앞에서 공정함에 집착하는 한국 사회의 문제점에 대해서 말씀드렸죠. 이를 극복하는 방법 중의 하나도 공감 능력입니다. 미국 캔자스대학 심리학과 찰스 대니얼 뱃슨이 이런 실험을 했습니다. 피험자에게 처음부터 구체적인 정보를 줍니다. 셰리 소머스라는 10세 소녀가 난치병에 걸려서 치료를 기다리는 중이고 당신이 셰리의 순번을 앞당길 능력이 있는데 어떻게 하겠냐고 물었습니다. 그러자 피험자는 처음에는 다른 사람들도 모두 힘든 상황이니 셰리도 공정하게 기다려야 한다고 말했습니다. 그다음 피험자에게 셰리의 고통을 떠올려 보도록 한 후에 같은 질문을 했습니다. 그러자 이전과 달리 순번을 앞으로 해도 되겠다는 답변이 늘어났습니다. 부도덕하다고 여길 일인데도 공감을 자극하니 공정성이 흔들린 것입니다. 이는 다소 논란의 여지가 있는 실험이기는 합니다. 그럼에도 이 사례를 든 것은 공감이 그만큼 중요한 감정적 요소이고 현재 우리 사회가 처한 문제점을 교정할 하나의 시발점이 될 수 있겠다고 생각한 까닭입니다.

우리는 아이의 공감 능력이 성장하도록 적극적으로 노력해야 합니다. 대면 접촉을 할 기회가 적어지는 시기에는 공감을 경험할 기회가 줄어듭니다. 교실에서 아이들과 어울리고 사회적 상호 작용을 하면서 얻게 되는 마음, 역지사지(易地思之)의 마음을 경험하는 기회를 더욱 가질 수 있게 해야 합니다.

공감은 값싼 동정을 하는 것이 아니라 상대의 마음을 느끼고 그려 보는 것입니다. 상대의 정서적 반응을 확인하고 받아들이는 능력입니다. "이랬어야 해."라고 충고나 설교를 하는 것이 아니라 타인의 현 상황에 대해 관심을 가지고 귀를 기울이고 이해하려고 애쓰는 것입니다. 이 능력은 학원에서 배울 수 없고 데이터를 넣는다고 나오는 것도 아니라서 어느 정도 나이가 든 다음에는 빨리 따라잡기도 어렵습니다. 긴 시간 여유를 두고 아이의 공감 능력을 차곡차곡 쌓아 나가면, 나중에 사회성의 큰 기반이 될 것입니다. 마음이 급하거나 각박해지거나 궁지에 몰리면 공감은 위축되어 잘 작동하기 어렵습니다. 일단 나부터 살아남는 데 급급하기 때문입니다. 이럴 때일수록 '그럼에도 불구하고'의 마음이 필요합니다.

노골적인 이야기일지 모릅니다만, 마지막으로 한 가지 연구 결과를 더 들겠습니다. 미국 펜실베이니아대학의 데이먼 존스가 유치원에 다니는 아이 753명의 감정 소통 능력 같은 사회성을 평가했습니다. 그리고 청소년기와 25세까지 추적 관찰을 해 보았죠. 머리가 좋은 아이보다, 타인을 돌보고 협상할 수 있고 나눌 줄 아는 아이가 교육 수준이 높았고 임금도 더 많이 받는다는 것을 밝혔습니다. '소프트 스킬'이라 부르는 이런 비인지적인 부분이 5점 만점에서 1점 오를 때마다 대학 진학 확률은 2배로 뛰었고 25세에 정규직 직원이 되는 확률이 46%나 높았습니다. 아이의 미래를 위해 어떤 학원을 더 보내야 할지 고민하기보다 아이의 공감 능력을 키워야 할 현실적인 증거 또한 있는 것입니다.

지혜를 쌓는 힘,
리터러시와 에디팅

30년 전의 대학 교수들은 방학이면 외국으로 나가서 커다란 가방에 책을 가득 채워서 돌아왔습니다. 유학했던 대학 등에서 새로 나온 연구 결과를 담은 논문이나 책을 구해 온 것이죠. 그 자료들은 그들 지식의 원천이자 배타적인 지적 권력의 기반이었습니다. 지식과 정보의 '양'이 중요한 시기였습니다.

지금은 어떤가요? 굳이 정보와 지식을 외우고 다닐 필요가 없습니다. TV를 보다가도 궁금한 것이 있으면 휴대폰으로 검색을 해 보면 되니까요. 예전의 천재가 비상한 기억력으로 엄청나게 많은 것을 외워서 잘 기억해 내는 사람이었다면, 이제는 그런 사람은 미련하게 자동차와 달리기 시합을 하는 것같이 보입니다.

이제는 얼마나 많은 양을 잘 외우고 머릿속에 담느냐가 아니라 세상에 널린 정보를 어떻게 흡수하고 해석하고 가공할 것인지가 훨씬 중요합니다. '하우 머치(how much)'에서 '노하우(know how)'의 시대로 넘어온 것입니다. 그런데 여전히 우리의 교육 시스템은 교과서 내용을 잘 외우고 있는지를 평가합니다. 미래를 위한 준비라는 측면에서 이제는 다른 역량이 필요합니다.

그 점에서 제시하고 싶은 두 개의 키워드가 에디팅과 리터러시입니다.

먼저 에디팅을 볼까요? 어떤 일에 대한 정보를 모으는 것은 이제 제일 쉬운 일이 되었습니다. 아이들이 수행 평가를 준비하는 모습을 한번 보세요. 각자 10분 정도만 발표하면 되는 주제인데 모아 놓은 자료가 A4 용지로 10~20장이나 됩니다. 여기까지는 대부분의 아이들이 잘합니다. 그런데 그것을 파워포인트 5~6장 안에 넣는 것을 아주 어려워합니다. 방향을 잡고, 중요한 것과 중요하지 않은 것을 구분하고, 버려야 할 것을 선택하는 일을 못하기 때문입니다.

예전의 사고 체계는 서론-개념 설명-본론-결론으로 이어지는 수직적 사고가 기본이었습니다. 그런데 앞으로의 세상은 수직이 아닌 수평으로, 하나하나 짚어 나가는 것이 아니라 경제, 문화, 기술 분야에서 나오는 정보를 다양하게 모아서, 적절히 더하고 빼고 곱하고 나눠서 다채롭게 편집할 줄 알아야 합니다. 새롭게 직조하여 완전히 다른 느낌을 주는 것, 차고 넘치는 정보 중에 가장 중요하고 흥미로운 것들만 골라서 하나로 엮는 것이 바로 에디팅입니다. 에디팅을 잘하려면 혼자 곰곰이 생각하면서 상관없어 보이는 것들을 충돌시키고, 붙여 보고, 섞어 봐야 합니다. 새로운 시각으로 남들이 보지 못한 것을 찾아낼 수 있어야 합니다. 자기 나름대로 제목을 붙여 보거나, 연관 없어 보이는 것들을 섞어서 한 평면 위에 올려놓는 믹스업(mix-up) 작업은 결과물 속에서 의외의 고유함, '오리지널리티'를 찾는 길입니다. 구태의연한 표현이지만 하늘 아래 완전히 새로운 것은 없어요.

지금 아이들은 비디오 세대입니다. 이들은 텍스트적 선형 사고가 아닌 비선형적 이미지들이 교차 편집되어 머릿속에 저장되어 있고, 이를 받아들이고 정리하는 것에 능숙합니다. 연관 없어 보이는 것들이 개연성을 갖도록 하는 비선형적 점프는 의도적인 에디팅을 해 보면서 단련됩니다.

리터러시는 에디팅과 비슷하지만 조금 다릅니다. 문해력을 일컫는 리터러시는 정보를 취득할 때 단편적 정보가 아닌, 포만감 있고 난도가 높은 정보를 흡수하는 능력이라고 할 수 있습니다. 유튜브로 영상 정보를 얻는 것, 구글이나 포털 검색으로 텍스트 정보를 얻는 것은 쉽습니다. 꽤 어려운 개념을 10분 안에 설명해 주는 동영상을 보면 저도 감탄이 나옵니다. 설명을 참 잘해서요. 모르던 것을 안다는 만족감을 주기에 충분합니다. 문턱도 낮아졌고 비용은 0에 수렴합니다. 그런데 이것으로 충분할까요?

아이가 이런 정보들을 진짜 내 것으로 만들어서 잘 활용하게 하기에는 아쉬운 면이 많습니다. 게다가 누구나 다 쉽게 가질 수 있는 열린 정보라 희소성도 없습니다. 역설적으로 여기서 등장하는 것이 문해력, 즉 리터러시입니다. 더 깊은 수준의 정보를 취할 수 있는 능력이 갈수록 가치가 커질 것입니다.

'사흘 연휴' 사건 기억하시나요? 사흘이 왜 4일이 아니고 3일이냐는 항의가 포털 뉴스 댓글에 올라왔습니다. 어이없지만 이것이 우리의 현실입니다. 기자들이 쓴 기사 중에도 '4흘'이라는 단어가 들어간 것이 꽤 있더라고요. 이렇게 단어를 오독하는 것뿐만 아니라 개념을 설명하는 글이나 다소 긴 글을 읽고 이해하는 능력을 갖춘 이들이 과거에 비해 급감했습니다. 이럴 때일수록 꽤 복잡하고 분량이 많은 글(예를 들어 단행본으로 출간된 책)을 제대로 읽고 이해하고 정리할 수 있는 능력은 같은 세대의 남들이 갖지 못한 나만의 능력이 될 것입니다.

잠시 데이터·정보-지식-지혜의 연속선에 대해 언급하고 싶습니다. 데이터와 정보는 단편적인 조각입니다. 어디든 널려 있고 이제는 너무 많아서 골치입니다. 이 정보들을 소화해서 하나의 체계 안에 담은 것이 지식입니다. 예를 들어 대한민국의 광복절이 8월 15일인 것은 정보입니다. 그런데 이 사건이 제2차 세계 대전에서 일본이 패망하고 천황이 항복 선언을 한 것과 연관되어 있고, 당시 연합군에 미국과 소련이 있어서 우리나라가 남한과 북한으로 분단된 것까지 이어지면 지식이 됩니다. 지식이 만들어지려면 이와 같이 맥락 있는 정보들이 서로 엮일 시간과 공간이 필요합니다. 일종의 숙성 시간이 필요한데 단편적인 검색만 하면 이것조차 정보로 격하됩니다. 검색해서 읽고 바로 잊어버리는 일을 반복하는 것은 평면적 정보를 잠시 입에 물었다가 뱉는 것과 같습니다. 내재화가 일어날 기회가 없죠.

이미 알고 있는 것과 새로 습득한 것들을 비교하고 정리해서 내 것으로 만드는 능력, 또 시간이 지나 어떤 맥락에서 그것을 적절히 끄집어낼 수 있는 역량이 필요합니다. 그것이 바로 지혜입니다. 하나의 지식 체계를 무형의 자산으로 만들면 그것을 언제 어디에서나 적용할 수 있습니다. 지혜의 단계까지 가려면 정보를 제대로 읽고 정확히 습득하는 리터러시가 필요합니다. 거기에 그 정보나 지식을 새롭게 직조할 수 있는 에디팅 능력이 포함되고요. 이 두 가지 능력이 있어야 비로소 시간이 지나 언제 어디서든 꺼내 쓸 수 있는, 나의 연장으로 사용할 지혜가 하나하나 쌓일 수 있습니다.

이것이 바로, 정보가 더 이상 희소성이 없는 시대에 리터러시와 에디팅이 소중한 이유입니다. 여기에 아는 것들을 잘 엮어서 '천연덕스럽고 적절하게' 이야기로 풀어내는 스토리텔링 능력까지 갖춘다면 금상첨화겠죠.

저는 그런 면에서 아이들에게 호흡이 꽤 긴 소설을 읽는 것에 재미를 붙여 보기를 권합니다. '해리 포터' 시리즈도 좋습니다. 복잡한 것을 복잡하게 이해하는 것, 세상의 복잡성과 모호함을 어렴풋이나마 포착할 수 있는 능력이 필요합니다. 복잡한 것을 단순화해 놓은 정보를 많이 습득하는 것이 아니라 복잡한 것을 복잡하게, 어려운 것을 조금 어렵게 내 것으로 만들어 보는 성취감이 점점 중요해질 것입니다.

7장

부모가 마련해 주어야 할 마음의 환경

자녀가 하나 혹은 둘이 대부분인 요즘, 부모는 아이에게 '좋은 부모'가 되기 위해 고군분투합니다. 그런데 어떤 부모가 좋은 부모일까요? 저는 부모가 아이에게 무엇을 해 주느냐보다 어떤 '마음의 환경'을 만들어 주느냐가 더 중요하다고 봅니다. 7장에서는 코로나19 이후를 준비하기 위해 부모가 무엇을 하면 좋을지 살펴보겠습니다.

부모는 아이의
발판이 되어야 한다

아이들이 성장하는 과정에서 부모는 어떤 역할을 해야 할까요? 옆에서 함께 뛰면서 "열심히 해!"라고 닦달하는 코치가 되어야 할까요, 아니면 치밀하게 작전을 짜서 최선의 플레이를 하도록 지시하는 감독이 되어야 할까요? 부모는 코치도, 감독도 되어서는 안 된다고 생각합니다. 부모가 할 수 있는 최선의 역할은 응원단입니다. 운동장 뒤편에서 애타게 바라보며 잘하건 못하건 변함없는 응원을 보내야 하지요. 그라운드에서 뛰는 선수는 아이 혼자입니다. 부모가 같이 뛰어 줄 수 없습니다. 벤치에서 치밀하게 작전을 짜 놓고는 지시하는 대로만 뛰게 하면 아이는 스스로 플레이를 할 줄 모르는 선수로 자랍니다. 응원단과 비슷하지만 조금 다른 열혈 팬 같은 부모도 있습니다. 이들은 운동장 밖에서 응원을 하지만, 아이가 이기면 정작 경기를 한 아이보다 더 흥분하고, 지면 아이보다 더 슬퍼하면서 때로는 아이를 비난하거나 화를 퍼붓기도 합니다. 이것도 좋은 것은 아니죠.

운동장 뒤에서 열심히 응원하기 전에 부모가 해야 할 역할이 있습니다. 선수에게 제대로 준비는 시킨 다음에 운동장으로 나가게 해야 하지요. 이를 발판화(scaffolding)라고 합니다. 발달 이론에 나오는 용어인데, 아이가 지금 단계에서 다음 단계로 넘어갈 때 부모는 아이가 딛고 올라갈 발판이 되어 줘야 한다는 것입니다.

아이들의 놀이는 발달 단계를 반영합니다. 동물도 그렇습니다. 육식 동물인 늑대의 새끼들은 서로 쫓는 놀이를 좋아하고, 주로 피식자가 되는 쥐는 서로 쫓기는 놀이를 많이 한다는 관찰 보고가 있습니다. 어릴 때 이런 놀이를 왕성하게 하면서 쫓고 쫓기는 기능이 발달하고, 여기에 필요한 근육과 감각 기관이 잘 작동하게 된다는 것입니다. 너무 두려워하거나 흥분하지 않는 정서 조절 능력도 함께 발달합니다.

인간은 포식자이기도 하고 피식자이기도 한데, 진화학자들은 역사적으로 보면 인간이 피식자였던 기간이 더 길기 때문에 숨바꼭질이나 술래잡기같이 한 명의 술래가 여러 명을 쫓는 놀이를 더 많이 한다고 분석합니다. 이런 놀이는 아이의 정서, 인지, 감각, 운동 발달의 발판이 됩니다.

아주 어린 아기가 엄마를 보고 웃으면 엄마는 거기에 반응해서 함께 웃고 뽀뽀하고 꼭 안아 줍니다. 이때 아이의 뇌에서는 만족의 신경 전달 물질이 나와서 춥고 배고프던 마음이 안정되고 스트레스 지수가 내려갑니다. 이런 엄마의 반응이 아이의 이후 삶에서 스트레스에 대응하는 능력의 발판이 됩니다. 나중에 유치원에 들어가서 친구들과 다툰 다음에도 집에 돌아와 엄마가 다독여 주면 바로 안정이 됩니다. 2~3세 아이가 다른 방에서 친구들과 놀다가 갑자기 엄마에게 다가와 무릎 위에 앉거나 한번 꼭 안았다가 친구들에게 돌아가는 모습을 본 적 있으신가요? 엄마가 일종의 발판이 되어 준 것입니다. 안전한 지지대가 된 것이죠. 이를 '정서적 재급유'라고 말하기도 합니다. 마음의 정서 에너지가 살짝 모자라서 불안하다고 느낀 아이라는 배가, 잠시 엄마라는 항구로 돌아와 기름을 넣고 다시 바다로 나가는 것이지요. '발판' 역할의 좋은 예입니다.

이때 아이가 헛헛해한다고 꼭 껴안고 못 가게 하거나, 아이들끼리 노는 곳에 가서 엄마가 장난감 배분을 대신해 줘서 아이의 스트레스를 미리 없애 주면 안 됩니다. 부모는 발판이 되어서 아이가 딛고 올라가게 하면 되는 것이지, 아이가 넘어야 할 벽을 다 허물어 줘서는 안 됩니다. 아이의 각 발달 단계에서 필요한 만큼만 지원하고 지나치지 않는 것이 발판화의 핵심입니다. 그리고 어느덧 아이가 혼자 잘 해낼 수 있게 되면 전 단계의 발판은 치워 버리면 됩니다. 잠시 힘들 때 돌아와 쉴 쉼터는 되어 주지만 아이가 발판을 거꾸로 밟고 내려와 이전 단계로 돌아와서는 안 되니까요.

그러려면 눈이 밝고 세심한 부모가 되어야 합니다. 아이들이 학교에서, 친구들과의 관계에서 놓치고 있는 것을 챙겨서 제대로 딛고 다음 단계로 넘어가게 해 주는 것입니다. 특히 요즘처럼 아이들이 학교에 가지 않고 집에만 있을 때 부모의 발판 역할은 더욱 중요합니다. 본래 아이들은 학교에 가서 다른 친구들을 보면서 외적 동기 부여를 받습니다. 공부뿐만 아니라 일상생활의 작은 사회적 관계 맺기, 치장하기, 소통하기 등에서 다른 아이와 자신을 비교하면서 발전합니다. 서로의 발판이 되어 주는 거죠. 그러나 코로나19로 아이들은 그럴 기회가 확연히 줄어들었습니다. 아이들은 자기에게 지금 무엇이 비어 있는지 모릅니다. 그것을 알아차리고 아주 어렵지는 않게 벽을 넘어서 무엇이 있는지 보게 해 주는 것이 부모가 해야 할 일입니다. 발판이 없다면 아이의 눈에는 넘어야 할 벽이 아주 높아 보이니까요. 더욱이 왜 넘어야 하는지 그 필요도 잘 모를 테고요. 아이는 당연히 힘든 일을 하고 싶어 하지 않습니다. 지금 익숙하게 잘하고 있는 것에 머무르고 싶습니다. 그렇게 필요를 느끼지 못한 채 발달의 결정적 시기를 지나칠 수 있습니다. 아이가 놓치고 있는 빈 공간을 잘 찾아내서 채울 수 있도록 해 줬으면 합니다. 부모가 최적의 자리에 딱 필요한 발판을 놓아 준다면 아이는 그것을 밟고 탁탁 다음으로 넘어갈 수 있습니다.

동기 부여는
자기 안에서

한때 '자기 주도 학습' 열풍이 불었던 적이 있습니다. 알아서 공부

계획을 세우고 실행하는 아이로 키우면 더 좋은 성과를 얻을 수 있다는 것이었죠. 그런데 자기 주도 학습은 본래 쉽지 않습니다. 어른들도 연초에 외국어 공부 계획, 운동 계획 다 세우지만 대체로 봄이 되기 전에 흐지부지되기 십상이지요. 하물며 아이들은, 특히 초등 저학년까지는 계획하고 실행하는 일이 어렵습니다. 그래서 이 시기의 아이들에게는 '외적 동기 부여'가 중요하지요.

외적 동기 부여의 대표적인 방법이 상과 벌입니다. 잘하면 칭찬과 보상을, 못하면 혼이 나거나 벌을 받는 것으로 행동은 강화되거나 줄어듭니다. 기저귀를 뗄 나이가 된 아이는 변기에서 용변을 보면 칭찬을 듣고 다른 곳에 싸면 혼이 납니다. 그러다가 나중에는 자기가 싫어합니다. 화장실을 가지 못해 발을 동동 구릅니다. 마음이 급한 부모가 차를 갓길에 대고 용변을 보라고 하면 싫어합니다. 행동 조절의 중추가 외부에서 상과 벌로 움직이다가 나중에는 내재화된 결과입니다. 이처럼 많은 행동은 외부에서 '해야만 한다' '하면 좋다'는 동기가 주어지는 것에서 시작됩니다. 학교에 다니고 사회 활동을 하는 것은 가장 강한 외적 동기 부여입니다.

그런데 아이들이 학교에 가지 못하면서 강한 외적 동기가 사라졌습니다. 지각하면 혼나니까 아침 일찍 일어나고, 선생님의 칭찬에 어깨가 으쓱하고, 친구들을 보면서 자신도 해 보고 싶다는 욕구가 생기는 곳이 학교인데 못 가는 것이죠.

그렇다면 어떻게 아이에게 외적 동기 부여를 해 줘야 할까요? 부모가 해 주는 데에는 한계가 있고, 특히 맞벌이 부모라면 더욱 힘듭니다.

어차피 이렇게 된 것, 길지만 힘든 길로 가 보자는 발상의 전환을 제안해 봅니다. 이제는 아이의 내적 동기 부여를 북돋아 보자고요. 자기가 좋아서 뭔가를 한다고 여기게 하는 방향으로 가 보는 겁니다. 어렵고 힘들고 오래 걸릴지 모르지만 길게 보면 최선의 방법입니다. 이에 대해 부모들에게 동기 부여가 될 만한 연구 결과가 있습니다.

1973년 미국 스탠퍼드대학 심리학과 마크 래퍼 교수는 4~6세 아이들에게 이런 실험을 했습니다. 아이들을 세 집단으로 나눈 뒤 크레용을 주면서 그림을 그리게 했습니다. 첫 번째 집단은 그림을 그리면 상을 준다고 했고, 실제로 그림을 그린 아이들에게 상을 줬습니다. 두 번째에는 상을 준다는 말은 하지 않고 그림을 그린 후 예고 없이 상을 줬습니다. 세 번째는 상에 대해 말하지 않았고 그림을 그린 후에도 상은 없었습니다.

그러고 나서 일주일 후에 유치원 선생님은 크레용과 종이를 탁자 위에 올려놓고 아이들을 관찰했습니다. 진짜 실험은 여기부터였습니다. 쉬는 시간에 할 수 있는 여러 활동 중에서 아이들이 어떤 것을 선호하는지 본 것이죠.

세 집단 중에 가장 적은 시간 동안 그림을 그린 집단은, 이전 시간에 그림을 그리면 상을 준다고 하고 실제로도 상을 준 아이들이었습니다. 이 아이들이 자유 시간에 그림에 가장 흥미를 보일 줄 알았는데 예측이 어긋난 것이죠. 반면 보상이 없던 아이들과 기대하지 않은 보상을 받은 아이들이 그림을 그리는 데 보낸 시간은 비슷했습니다. 더욱이 전문가에게 아이들이 그린 그림을 평가하라고 했더니 기대한 보상을 받았던 아이들의 평균 점수가 제일 낮았습니다. 이 연구는 기대한 보상이라는 외적 동기 부여는 이후에 그 행동에 대한 관심과 만족, 몰입을 모두 줄인다는 것을 보여 줍니다. 그림 그리기는 내가 좋아서 한 일이 아니라 상을 받기 위해 한 일로, 아이들 마음 안에 들어가 버렸기 때문입니다.

이는 어른들의 경험과도 비슷합니다. 회사의 인센티브 제도는 초기에는 효과가 있지만 시간이 지나면 업무의 동기 부여에 역효과가 생깁니다. 모든 행위를 인센티브로 환산하게 되고, 동료들끼리 인센티브를 비교하며 공정함의 시비가 일어나기도 하죠. 돈을 벌기 위해, 보상을 받기 위해 하는 일은 외적 동기 부여를 받아서 한 것이어서 일이 '진정한 재미를 불러일으키는 것'은 되기 힘들어집니다.

반면 하지 말라고 하면 더 하고 싶어지는 것들이 있죠. 만화책을 못 보게 하면 이불을 뒤집어쓰고 손전등을 켜고라도 보고 싶어집니다. 코스프레 행사에 못 가게 하면 어떻게든 가겠다고 밤새 숙제를 해 놓고 새벽에 전시장에서 몇 시간씩 줄을 섭니다. 내적 동기 부여가 얼마나 힘이 센지, 외적 통제는 어떻게 도리어 반발을 일으키는지 생생한 사례입니다. 외적 동기보다는 내적 동기가 훨씬 더 강한 힘을 발휘할 수 있습니다.

요즘처럼 아이들이 학교에 못 가고 남는 시간이 많을 때가 바로 아이의 '내적 동기 부여'를 키워 줄 수 있는 좋은 기회입니다. 아이의 남는 시간을 학습지로 채우지 말고 아이를 그냥 둬 보세요. 탐색하고 끙끙대고 '와, 재미있다.' 하면서 혼자 해 보는 시간을 주세요. 혼나지 않으려고 하는 행동은 아이들의 마음에 두려움의 외적 동기 부여가 됩니다. 그보다는 해 보고 싶어서 해 보고, 아니면 말고 하는 마음으로 일단 시도해 볼 수 있는 동기 부여의 판을 부모가 펼쳐 줬으면 합니다. 관심과 호기심을 가지고 지켜보다가 "와, 잘했는데!" 같은 소소한 칭찬을 하거나, 뜬금없이 작은 선물을 해서 예측하지 못한 보상을 주는 것은 효과적인 촉진제가 됩니다.

내적 동기 부여는 아이가 십 대에 접어들면 더욱 소중해집니다. 이때는 호기심을 가지고 뭔가를 해 보려는 시도와 그에 대한 보상의 힘이 두세 배 강해집니다. 십 대는 좋아하는 것, 평생의 즐거움의 대상이 생기는 시기입니다. 그때 즐겨 들은 음악이 평생의 애창곡이 되는 것도 뇌가 그 시기에 동기 부여를 강화하고 큰 보상을 준 덕분입니다.

십 대의 뇌 발달에는 두 가지 특징이 있습니다. 하나는 감정 반응을 관장하는 편도체가, 이성적인 판단과 억제 능력을 관장하는 전두엽보다 빠르게 발달하고 활성도도 높은 것입니다. 그래서 혼이 나면 더 힘들어하고 감정적으로 반응합니다. 두 번째는 보상 반응이 어른들보다 강하다는 것입니다. 도파민 분비가 무척 활발합니다. 자기가 좋아하는 일에 대해서 하고 싶다는 동기가 강하게 일어나는 것은 물론 그에 대한 내적 보상 또한 큽니다. 농구를 할 때 한 골을 넣은 것뿐이지만 십 대에는 NBA 파이널에서 버저 비터를 성공시킨 것만큼 짜릿한 기쁨을 줍니다. 부모들이 보기에는 별것 아닌 일에 아이가 신나서 흥분하는 것은 아이가 호들갑을 떠는 것이 아니라 뇌가 그렇게 반응하기 때문입니다. 그러니 보상에 대한 기대감도 훨씬 큽니다. 보상이 주는 쾌감이 훨씬 크니까요. 더욱이 보상을 상상하는 것만으로도 도파민이 나오고 즐거움을 느낍니다. 그러므로 방향을 잘 잡으면 외적 보상이 없어도 작은 내적 보상만으로도 아주 강력한 동기 부여가 되는 것입니다.

그렇다고 "네가 알아서 해." 하고 내버려 둬서는 안 되겠죠. 자율적 선택은 자칫 방임이 되기 쉽습니다. 통제와 방임 사이 어딘가에 내재 동기 부여의 포인트가 있습니다. 어렵지만 그 핀 포인트를 찾아내서 섬세한 조율을 하는 것이 부모의 역할입니다. 아이들은 막상 시간이 주어지고 선택이 주어지면 망설입니다. 불안합니다. 편도가 활성화되기 쉬운 예민한 기질의 아이들은 더욱 그럴 수 있습니다. 뒤에서 등을 떠밀고 "네가 선택해서 해."라고 밀어붙이기보다 안심을 시켜 주는 것이 먼저 필요한 아이들도 있습니다. "엄마 아빠가 뒤에서 지켜보고 있으니 안심해."라는 메시지가 필요합니다. 수영을 머뭇거리던 아이도 부모가 지켜보고 있으면 전에는 못 가던, 수심이 깊은 곳으로 갈 용기가 생기듯, 부모가 곁에서 안심을 주면 아이가 호기심에서 비롯된 행동을 시도할 가능성이 올라갑니다.

이때 조심해야 할 것이 있습니다. 아이가 그냥 좋아서 한 일에 대해 부모가 성급하게 외적 보상을 해서 그 일을 상을 기대하는 일로 전환시켜서는 안 되겠죠. 또 조금 하다가 말았다고 지나치게 '의지 박약'을 지적하면서 혼을 낸다면 문제가 생깁니다. 과잉 정당화 또는 과잉 처벌이 일어나면 내적 동기가 확 사그라듭니다. 내가 좋아서 한 일인데도 이상하게 청개구리처럼 동기가 줄어드는 역설적인 현상이 일어납니다. 부모가 조심해야 할 부분이죠. 참 어렵습니다.

어쨌든 앞으로의 사회는 어른이 되었을 때 누가 시켜서 하는 일, 매뉴얼대로 잘 지켜서 평균 이상만 하면 되는 일로 성공하는 세상이 아닙니다. 유동적이고 불확실하게 변화하는 세상에서는 예측하기보다 신속하게 대응하고, 조직 안에서 안주하기보다 혼자 알아서 생각하고 궁리하는 사람이 잘 살아갈 것입니다.

그럴수록 내적 동기가 중요해집니다. 자율적으로 내가 결정한 일이라 여기면 더 잘하고 싶어집니다. 아무리 사소한 일이라 해도요. '마이크로 만족'이라고 하기도 합니다. 작지만 개인적인 의미를 만들고 거기서 성취를 느끼는 경험을 어릴 때부터 해 보는 것이 필요합니다.

"이건 뭐에 쓰려고?" "이런 건 쓸데없이 뭐 하려 하니?"라는 판단보다는 "어떤 아이디어였어? 설명해 줄래?"처럼 호기심을 먼저 보여 주는 부모가 아이의 내적 동기를 성장시킬 것입니다. 그러면 아이는 남들보다 우수해서 만족을 느끼는 것이 아니라, 내가 좋아서 하는 일에 몰입하면서 만족을 느끼는 아이로 자라, 어른이 되어도 좋아하는 일을 스스로 찾아서 즐기는 사람이 될 것입니다. 우리가 그리는 아이의 미래는 이런 모습이었으면 합니다.

공상에서 시작하는 스토리텔링

잘 준비를 마친 아이가 눕습니다. 이때 아이의 머릿속에서는 어떤 일이 벌어질까요? 베개에 머리를 대자마자 곯아떨어지는 날도 있지만, 보통은 이런저런 생각을 합니다. 저는 이때 아이들이 회상이 아니라 공상을 했으면 합니다. 오늘 하루 있었던 일을 후회하거나 내일 해야 할 일을 걱정하기보다는, 앞으로 생길지도 모르고 생기면 좋을 것 같은 즐거운 상상과 공상을 하면서 잠에 들었으면 좋겠습니다.

우울한 사람일수록 과거를 돌아보고 후회하고 내 탓이라 여깁니다. 과거가 선명해지고 날이 서게 느껴집니다. 그 기억들은 내가 앞으로 나아가는 데 족쇄가 되고는 합니다. 앞날에 대한 두려움은 일어날지도 모르는 일들을 미리 걱정하고 예방하고 싶어 합니다. 그러나 내가 열 가지를 먼저 생각한다고 해도 현실은 열두 번째에서 문제가 일어납니다. 모든 변수를 통제할 수는 없으니까요. 돌아보는 것과 앞날을 걱정하는 것, 둘 다 닥쳤을 때 하면 됩니다.

잠들기 전 기분 좋은 이완의 시간에는 공상과 상상을 하는 것이 좋습니다. 논리적 생각이 지배하는 각성의 낮에서 벗어나 온몸의 긴장이 풀어진 시간, 이때 제일 하기 좋은 것은 공상입니다. 엉뚱한 아이디어가 나비가 날아가듯 나풀나풀 움직입니다. 그러다가 잠이 들어 재미있는 꿈을 꿉니다. 꿈은 이성적이고 정반합적인 완결성에서 벗어난, 비개연성과 비합리성으로 가득 찬, 아귀가 맞지 않는 이야기를 선사합니다. 그것이 꿈의 진수입니다. 꿈은 원래 논리적이지 않으니까요. 그것이 쌓여서 아이의 마음 안에 남기를 바랍니다.

기대하고 상상하는 능력은 현실의 벽 앞에 주저앉지 않고 앞으로 조금씩 나아가게 합니다. 앞날이 명확하지 않고 잘 보이지 않을 때, 답을 찾기 어려울 때 벽 너머를 상상하게 합니다. 아침에 아이가 눈을 비비고 일어나 부모에게 "나 이런 꿈을 꿨어."라고 말하면 호기심을 가지고 들어 주세요. "바쁜 시간에 쓸데없는 얘기 하지 마." "진짜 황당하고 말이 안 되는구나."라는 반응을 보이기보다는요.

전날 밤 자기 전에 했던 엉뚱한 공상의 조각들은 전날 있었던 일들과 섞여서 꿈이 됩니다. 프로이트가 1차 과정 사고라고 말한 자유로운 연상에 꿈 작업이 함께 이루어져서 파편적인 이미지들이 만들어집니다. 아침에 일어나면 어렴풋이 어떤 이미지들이 떠오르죠? 이

때 그 이미지를 연결해서 하나의 이야기를 만드는 것입니다. 황당하고, 어떨 때는 조금 무서운 이야기일 때도 있지만 엄마나 아빠한테는 말할 만한 내용입니다. 그걸 잘 들어 주면서 장단을 맞춰 주는 거예요. 그것이 스토리텔링이지 뭐겠어요?

앞으로의 세상에서는 스토리텔링 능력이 중요한 재능이 될 것입니다. 기대하고 상상하면서 떠오르는 생각 조각들을 잘 꿰어서 하나의 이야기 꾸러미로 만드는 능력 말입니다. 영화를 만드는 사람들이 쓰는 '엘리베이터 피치(elevator pitch)'라는 용어가 있습니다. 오랫동안 궁리한 영화 시나리오 뭉치를 들고 영화사에 가서 제작자를 만납니다. 이때 엘리베이터를 함께 타고 올라갈 일이 있을 수 있는데 그 3분가량의 시간 동안 자기 영화를 매력적으로 설명하는 것이 엘리베이터 피치입니다. 그것이 스토리텔링의 힘이고, 자기 이야기를 잘 요약해서 중요한 부분을 정확히 던질 줄 아는 능력입니다. 요새는 스타트업에서 많이 쓰인다고 해요. 스타트업을 차린 젊은이들이 투자자들에게 사업의 핵심을 짧은 시간에 설명하고 가능성을 보여 주는 것입니다. 아무리 아는 것이 많고 준비한 것이 많아도 스토리텔링이 안 되면, 재미있고 멋지게 상상한 것을 펼쳐서 보여 줄 수 없으면 소용이 없습니다.

그러니 아이들에게 "그런 건 해서 뭐 하게? 돈이 되니? 그런 거 하다 굶어 죽어."라는 말은 하지 마세요. 쓸모없어 보이는 것이 나중에 쓸모가 생길지 누가 알아요? 공상에는 돈이 들지 않습니다. 마음이 급하다고 "그런 엉뚱한 짓 할 시간에 영어 단어나 하나 더 외워라." 라는 말도 하지 마세요. 물론 시험 전날에 혼자 책상 앞에서 히죽히 죽 웃으면서 공상의 늪에 빠져 있으면 곤란하지만요. 아이의 엉뚱한 공상을 억누르지 말고 호기심으로 대하세요. 그래야 아이가 눈치 보지 않고 말을 하고, 말을 하면서 어설픈 상상들이 꽤 그럴싸한 이야기로 완성되기도 합니다. "그래서?" "그러면 이럴 수도 있겠는데?" 라고 추임새를 넣고 살을 붙이는 것을 도와주는 것도 좋겠지요.

이런 부모의 자극이 아이에게 도전과 상상의 발판이 됩니다. 시험에 나올 것을 한 번 더 보고 문제지를 풀어 보는 것보다 이런 순간이 10년, 20년 후에 큰 보답을 줍니다. 직면시켜 기를 꺾기보다는 내버려 두고 북돋는 겁니다. 미국 보스턴대학의 교육학자 존 데이시는 상위 5%에 속하는 창의성을 보인 청소년이 있는 56개 가정과, 평범한 20개 가정의 라이프 스타일을 비교하는 연구를 했습니다. 여러 가지 요인을 비교했는데, 그중에서 가정의 규칙이 눈에 띄었습니다. 보통 가정에는 평균 6개 정도의 규칙이 있었는데 창의성이 돋보이는 가정에서는 1개 이내였습니다. 그는 창의성을 키우기란 어려운 일이지만 여러 가지 규칙을 만들어 좌절시키는 것은 쉽다고 했습니다.

고등학생인 제 아이가 하루는 "아빠, 문과 계열 학과는 취업이 안 돼요. 창업을 하는 것도 다 이공계 전공한 사람들이에요."라고 했습니다. 고등학생쯤 되면 먹고살 것에 대한 걱정이 많아지나 봅니다. 일단 공부나 하라고 한 소리 하고 싶었지만 참고 말했습니다. 네 자유로운 생각이나 논리적인 설득력이 필요한 곳도 꼭 있다고요. 무언가를 개발하는 사람이 있다면 그것이 왜 세상에 필요한지 사람들을 설득하고 설명하고 협상을 하는 사람도 필요하고, 어떤 때에는 그것이 더 중요한 역할을 한다고요. 어찌 보면 인공 지능 시대에는 제품이나 서비스를 만드는 문턱은 낮아질지 모릅니다. 그러니 더욱더 아무도 못 할 멋진 상상을 하는 힘이 필요할 겁니다.

앞으로는 누구와 비교해서 더 나아지기를 경쟁하는 시대가 아니라 내가 좋아서 하는 시대가 될 것입니다. 그렇기에 '내가 무엇을 좋아하는지'를 깨닫는 미시적 자기만족의 동기는 중요합니다. 어떤 일에 대해 내가 우수해지면서가 아니라 깊이 몰입하면서 충족감을 경험하는 것이 좋습니다. 자기가 좋아하는 것을 자기에게 맞는 속도로 해 나가는 것이죠. 표준화된 우수성을 추구하기 위해 개인적 충족감을 포기하는 것은 점점 여러모로 좋은 일이 아니게 됩니다. 타인의 인정이 아니라 나의 만족과 성취를 중시하면서, 포기할 수 있는 것과 추구해야 할 것이 무엇인지 깨닫고 꾸준히 해 나가는 것이 중요합니다.

여기까지 보면 참 쉽지 않은 길 같지요? 그런데 거기까지 가기 위한 제일 첫 단추가 '기대하고 상상하기'입니다. 상상한 것이 스토리텔링이 되고, 그것이 나를 구성하면서 만족과 추구로 이어집니다. 다양성의 사회에서 독립적인 삶을 만들어 갈 때 필요한 중요한 능력이 바로 상상력입니다.

이리저리 기웃거리고,
느슨하게 연결하고

테니스의 세계 최강자 로저 페더러는 어릴 때 스키, 수영, 야구, 테니스, 탁구 등 여러 가지 운동을 즐겼다고 합니다. 이것저것 하다가 공을 다루는 것에 흥미를 느꼈지만 운동 코치였던 어머니는 그저 다양한 것을 해 보라고 북돋았습니다. 그러다가 십 대가 되어서 본격적으로 테니스를 시작했습니다. 여러 가지 운동 중에서 테니스가 제일 재미있다고 고른 것입니다. 페더러는 테니스 선수로는 빨리 시작한 것이 아니었지만 지금은 누구보다 뛰어난 선수입니다. 첼리스트 요요마도 피아노, 바이올린 등 여러 악기를 섭렵하다가 첼로를 골랐습니다. 특출한 재능이 있는 사람들은 신기하게도 꽤 여러 가지를 기본 이상으로 잘합니다. 이때 부모의 눈이 현혹되기 쉽습니다. 아이가 당시 인기 있는 분야를 곧잘 하면 어릴 때부터 그쪽으로 집중하려고 하지요. 알고 보면 그 일은 중상위권 정도 실력이고, 아이가 정말 탁월하게 잘할 것은 다른 일이었을 수 있는데 말입니다.

초등학교 저학년까지는 '방목'하는 집이 확실히 많습니다. 여행도 많이 가고 사교육이라고 해도 미술이나 악기, 체육 활동을 주로 합니다. 그러다 고학년이 되면 슬금슬금 불안해집니다. 너무 놀리는 것 아닌가 하는 생각이 듭니다. 주변에 물어보면 "정말 아무것도 안 했어?"라며 멋지다, 소신 있다고 하지만 눈빛은 그래 보이지 않습니다. 정말 미리미리 사교육을 하지 않으면 다른 아이들과는 도저히 따라갈 수 없는 '초격차'가 벌어지게 될까요?

아닙니다. 백 미터 단거리 경주에서는 열 걸음만 뒤처져도 쫓아가기 어렵죠. 그렇지만 42.195킬로미터짜리 긴 마라톤에서는 아주 작은 차이입니다. 타임 프레임을 길게 늘여서 봐야 합니다. 불안하면 시야가 좁아지고, 조바심이 나면 더 좁아집니다. 과감히 시야를 넓혀서 길고 멀게 바라봐야 할 때입니다.

너무 빨리 시작해서 깊이 들어가면 그것이 도리어 늪이 될 수도 있습니다. 하던 방식을 고집하게 되고 방법을 바꿀 생각을 하지 못합니다. 한 영역에서 전문가가 되기 위해 1만 시간이 필요하다고 하지만, 그만큼의 시간 동안 오직 한 가지만 하면 인지적으로 고착되어 벗어나지 못하기도 합니다.

회계사를 대상으로 한 연구가 있습니다. 세법이 개정되어서 공제액 계산법이 바뀌었습니다. 이때 노련하고 연차가 높은 회계사가 새내기 회계사에 비해 개정된 세법을 습득하는 시간이 더 오래 걸렸습니다. 이를 인지적 고착화 때문이라고 설명합니다. 생각해 보니 의사들도 그렇습니다. 의사들과 이야기해 보면 호흡기 내과 의사는 모든 일을 호흡기의 문제로 보려 하고, 심혈관 내과 의사는 심장의 문제로 보려 합니다.

한 아이가 눈을 깜박여서 틱인 것 같다고 진료실에 온 적이 있습니다. 정신건강의학과인 제 관점에서만 보면 틱입니다. 그런데 자세히 보니 아이의 눈에 살짝 충혈된 것이 보입니다. 안과에 보내니 역시 눈썹이 안으로 찌르는 문제가 있었습니다. 오류에 빠지지 않기 위해서는 언제나 한 발은 내 영역 밖에 걸쳐 두는 습관이 필요한데, 이는 어릴 때부터 길러야 합니다. 바로 '둘러보기'와 '골라 보기'지요.

조바심을 잠시 멈추고 이리저리 탐색하고, 둘러보고, 골라 보는 시기가 아주 중요합니다. 이런 경험은 특히 어릴 때 그 효과가 큽니다. 여러 가지를 시도해 봐도 된다는 기억은 나중에 또 다른 새로운 시도를 할 용기를 줍니다. 해 보고 후회하는 것이, 안 한 것에 미련을 갖는 것보다 낫습니다. 안 해 본 것에 미련을 갖는 건 선택지가 남은 상태로 살아가는 것입니다. 그에 비해 일단 해 보고 "아, 이건 내게 맞지 않는구나." 하고 깨닫는 것은 시간 낭비가 아니라, 최소한 앞으로 미련을 가지지 않게 해 주는 이점이 있습니다.

더욱이 많은 시도와 실패는 손해가 아니라 쌓여서 큰 성공으로 이어집니다. 유명한 창작자의 결과물을 연구한 심리학자 딘 키스 사이먼턴은 많은 작품을 만들수록, 또 실패가 많을수록 큰 성공을 거둘 가능성이 높다는 것을 밝혔습니다. 우리가 잘 아는 화가 미켈란젤로도 그랬다고 합니다. 일단 해 보고 마음에 안 들면 그만두고 바로 다른 작품으로 넘어갔습니다. 그의 조각품 중 60%는 미완성 상태입니다. '계획한 뒤 실행'이 아니라 '해 보면서 배우기'의 사례였습니다.

자기 분야 너머에 관심을 가지고 기웃거리는 사람, 느슨한 연결을 할 수 있는 사람이 앞으로 더 인정을 받을 것입니다. 그러므로 아이가 관심의 폭이 넓은 것, 산만해 보일 만큼 이것저것 건드려 보는 것을 환영하고 북돋는 것이 좋겠습니다. 인공 지능은 오직 안정적인 구조와 좁은 세계에서, 환경과 구조가 바뀌지 않을 것이라는 가정이 있을 때에만 최적의 능력을 발휘합니다. 그렇지만 앞으로의 세상은 참으로 유동적이고 불확실할 것입니다. 지금까지 만들어진 시스템은 미래를 대응하는 데 적절하지 않을 가능성이 큽니다. 그러니 이런저런 것을 맛보는 기회를 어릴 때 갖는 것이 필요합니다.

포기도 해 본 사람이 합니다. 어떨 때는 포기도 용기입니다. 포기들이 모여서 새로운 기회를 만듭니다. 작은 좌절의 아픔에 내성이 생겨야, 해 보고 안 되겠다 싶으면 다른 것을 할 수 있습니다. 포기할 것이라 생각하고 대강 해 보라는 건 아닙니다. 그때그때 최선을 다해야겠죠. 성공과 실패 여부를 떠나 순간순간을 즐겨 가며 일해야 인생이 행복해집니다. 저는 좋아하는 일 여러 개로 삶을 채우는 포트폴리오적 인생이 각자에게 더 의미 있지 않을까 합니다.

코로나19로 움츠러든 시기가 길어집니다. 실패에 대한 두려움은 더 커졌고 신중해졌습니다. 아이가 이리저리 둘러보는 것이 위험해 보일 수도 있고 시간이 아깝다는 생각만 들 수 있습니다. 그렇지만 이럴 때일수록 둘러보고 골라 보게 하는 마음을 부모가 먼저 가지고 아이에게 제안하고 지원했으면 합니다.

놀이로 키우는
실패 경험

제 아이가 초등학생 때 있었던 일입니다. 학원에서 전화가 왔습니다. 학원 정기 테스트에서 아이가 자신 있게 문제를 풀길래 잘했나 보다 싶었답니다. 그런데 몇 문제를 틀려서 선생님이 빨간 펜으로 표시하고 돌려주셨습니다. 시험지를 받아 든 아이가 짜증을 내면서 문제지를 박박 찢어 버리고 "저는 이제 공부 따위는 안 할래요. 해봤자 소용없어요. 선생님 괜히 수고하지 마세요."라고 해서 놀라서 전화하신 겁니다.

집에 돌아온 아이는 "아는 건데 실수한 것 같아요. 죄송해요. 앞으로는 더 열심히 할게요."라며 저 나름의 변명을 했습니다. 저는 이렇게 말했습니다. "틀린 게 있으니 얼마나 좋니. 그건 좋은 거야. 화내지 마."

혼이 날 줄 알았던 아이는 엉뚱해하면서 저를 쳐다봤습니다.

"선생님께 짜증 내고 시험지를 찢은 건 분명히 잘못했어. 그런데 시험을 보는 건 잘 공부했는지 확인하는 거잖아. 백 점 맞는 것도 좋지만 아빠 생각에는 틀린 것이 있으면 더 좋은 일인 거 같아. 왜냐하면 뭘 모르는지 알게 된 거니까. 어디를 더 공부하면 좋을지 알게 된 거 아니니? 틀려도 괜찮아. 아빠 생각엔 그래. 짜증 내기보다 그런 생각을 가졌으면 해."

아이는 무슨 소리인가 하는 얼굴이었습니다. 어쨌든 혼이 날 줄 알았는데 넘어간 것을 기뻐하는 눈치이기는 했습니다.

누구나 틀리는 것, 지는 것과 같은 실패를 싫어합니다. 좌절과 고통을 어떻게든 피하고 싶은 것은 인간의 본능이니까요. 부모 마음도 마찬가지입니다. 아이가 실패하는 것은 자기가 실패한 것같이 느껴지고 어느 때에는 아이는 평온한데 부모가 앓아눕습니다. 아이의 앞날에 어떠한 장애물도 있어서는 안 되고, 한 번의 실패도 있어서는 안 된다고 생각하기 때문이겠지요.

안전한 환경을 만들어서 생채기 하나 없이 아이를 키워야 한다고 여기는 부모도 있습니다. 부모 마음은 당연히 그렇습니다. 저도 그렇고요. 하지만 환상이기는 합니다. 운이 좋아서 부모 덕분에 아이가 실패를 거의 겪지 않고 자랐다고 칩시다. 이 경우 나중에 어른이 돼서 큰 문제가 생깁니다. 부모는 "넌 혼자 할 수 없어."라는 보이지 않는 메시지를 10년 넘게 주었고 그동안의 성공은 그것을 확인시켜 주었습니다. 아이는 자연스럽게 부모에게 의지하고 부모가 대신 해결해 주는 습관이 생깁니다. 나의 실패는 내 잘못이 아니고 부모가 잘못한 것이니 부모를 원망하고, 부모에게 문제를 해결해 내라고 당당하게 요구합니다. 나중에 부모가 회사에 전화해서 "우리 애를 왜 괴롭혀요? 같이 일하는 대리가 자꾸 힘들게 한대요. 오늘은 아파서 결근합니다."라고 하는 일이 생깁니다. 결혼 후에 부부 싸움을 한 자식이 화가 나서 집으로 오면 며느리나 사위에게 달려가서 대신 싸우는 부모도 꽤 있습니다.

이런 지경에 이르지 않으려면 아이에게 실패의 경험과 기회를 주어야 합니다. 아이가 시험을 잘 못 보면 부모는 화가 납니다. 저도 그렇습니다. 그렇지만 그 화를 아이에게 퍼부어 봐야 돌아오는 건 '나자빠지는 아이'일 때가 더 많습니다. 그보다는 아이에게 실패는 좋은 기회라는 점을 알려 주는 것이 더 중요합니다. 틀렸다는 것은 고칠 것이 있고 더 배울 것이 있음을 알려 주는 신호라는, 아주 본질적인 실패의 가능성과 기능을 마음 안에 담도록 해야 합니다. 그런 경험이 쌓이면 실패에 대한 내성이 생깁니다. 아파하기보다 어디가 비었는지 뭐가 모자랐는지 먼저 보게 됩니다. 전보다 덜 아파하고 빨리 툭툭 털고 일어날 수 있게 됩니다. 안 다치게 하는 것보다 이것이 훨씬 중요합니다. 불가피한 실패는 나를 더 건강하게 해 주는 예방주사라는 것을 알게 되는 것이지요.

특히 예민하고 민감한 아이일수록 실패의 경험은 더 중요합니다. 민감한 기질의 아이들은 위기 상황에서 훨씬 신중하고 소극적일 수밖에 없습니다. 이런 아이들일수록 안정적인 환경에서 도전과 실패를 경험하게 하고, 한 번 넘어지는 것이 인생의 치명타가 아니라는 것을 부모가 반복해서 알려서 안심시켜 줘야 합니다. 여기서 '안정적인 환경'이란 무해하고 항온 항습의 안전지대를 만들어 주라는 것이 아닙니다. 세상이 불확실할수록 부모의 역할은 실패해도 된다는 것, 틀려도 된다는 것, 좀 아파 봐도 괜찮다는 것을 어릴 때부터 경험하게 해 주는 것입니다. 그래야 실패의 경험이 치명상이 되지 않습니다. 내가 넘어져도 옆에서 지켜봐 주고, 다쳐도 회복할 수 있다는 것을 일깨워 주는 부모가 곁에 있다는 믿음을 주어야 합니다. 그런 부모가 지금 더욱 절실하게 필요합니다.

실패해도 괜찮고 다시 일어설 수 있다는 것을 어른이 되고 나서 배우려면 너무 힘듭니다. '수업료'도 나이가 들수록 커집니다. 그러니 어릴 때 많이 넘어져 봐야 합니다.

아이가 자라면서 안전하게 실패를 경험해 볼 훌륭한 방법이 있습니다. 바로 놀이입니다.

캐나다 레스브리지대학의 세르조 펠리스는 2010년에 어린 파타스원숭이를 관찰한 결과를 발표했습니다. 세 마리의 원숭이 새끼들이 나뭇가지에서 떨어지는 놀이를 하는데 가장 안전한 자세를 연습하는 것이 아니라 배가 철퍼덕 하고 땅에 닿게 꽤 아프게 떨어지더라는 것입니다. 어릴 때 재미의 경계선 안에서 고통을 경험하는 것입니다.

동물들은 놀이에서 고통을 경험합니다. 고양이나 개가 놀 때도 서로 뭅니다. 적당히 다치지 않는 정도에서요. 이를 연구자들은 이렇게 설명합니다. 정서 반응을 반복해 고통에 대한 인내력이 올라가면서 정서 조율(emotional regulation)의 능력이 향상되는 것이 놀이의 일차 목표라고요. 안전과 안락함을 살짝 벗어나지만 아주 위험하지는 않은 경계 안에서 놀면서 적당한 고통을 느껴 보는 것입니다. 나중에 커서 진짜 생존을 위협하는 일을 마주할 때 대범해질 수 있게 돕는 것입니다.

사람도 비슷합니다. 지고도 깔깔거릴 수 있는 유일한 기회가 놀이입니다. 술래잡기를 하면 잡혀도 재미있습니다. 인터넷 게임을 하다가 지더라도 재미있게 지면 또 하고 싶어집니다. 놀이를 통해 안전하게 실패를 익히는 것은 일상에서 불가피하게 만날 괴로움을 견디는 면역력도 키워 줍니다. 게다가 놀이는 상상을 자극하고, 경계를 넘어서는 용기를 주고, 규칙을 익히고 사회성을 습득하도록 합니다. 노는 것이 공부인 셈입니다.

물론 코로나19 시대에는 놀기도 쉽지 않습니다. 잘 놀기 위해서는 세 가지 요소가 필요합니다. 시간, 같이 놀 사람, 그리고 공간이지요. 요즘 아이들은 이 셋 다 부족합니다. 학원 스케줄이 바쁘다 보니 학교가 끝나는 순간 아이들은 뿔뿔이 흩어지고 맙니다. 코로나19로 온라인 수업을 하게 되자, 같이 놀 사람과 공간도 사라졌지요. 인터넷으로 노는 것은 시간의 제약을 받지 않고 사람을 실시간으로 연결하는 장점은 있지만 한계가 있습니다. 힘든 상황이죠. 당분간은 어렵더라도, 실패라는 '면역력'을 길러 주는 놀이의 기회를 어떻게든 찾아 주려고 노력해야 합니다.

보이지 않는 선 긋기

온라인 수업 후 아이들의 생활 패턴이 완전히 무너졌다고 걱정하는 부모님들이 많습니다. 늦잠은 기본이고, 밤늦게까지 게임을 하니 수업 과제는 제대로 내고 있는지도 모르겠습니다. 처음에는 잔소리도 하고 혼도 냈지만, 온라인 수업이 장기화될수록 부모들도 지쳐 갔습니다. 잔소리를 해 봐야 아이와의 사이만 나빠지는 것 같아 '에라, 모르겠다.'는 심정이 되어 버리는 것이지요.

며칠의 연휴라면 괜찮습니다. 그러나 지금처럼 온라인 수업이 장기간 지속되는 상황에서는 부모가 해야 할 역할이 있습니다. 학교가 원래 했던 사회화 과정의 중요한 하나, 즉 '보이지 않는 선'을 그어 주는 것입니다. 지켜야 할 것과 해서는 안 되는 것이 무엇인지를 알려 주어 지키도록 하는 것은 꼭 필요한 일입니다.

아이가 어릴 때는 가족의 규칙만 지키면 됩니다. 돌아다니면서 밥을 먹거나 침대에서 뛰는 것이 허용되는 집도 있습니다. 아이는 원래 자기중심적(ego-centric)입니다. 그리고 집에서는 아이에게 허용하는 것이 비교적 많지요.

그러다가 학교에 가서 다른 아이들을 만나고 학교의 규칙을 익히면서 서서히 '집의 규칙'과 '집 밖의 규칙'이 같기도 하고 다르기도 하다는 것을 깨닫습니다. 그것이 사회화입니다. 사회에서 해도 되는 것과 집에서 해도 되는 것, 그리고 내가 혼자 있을 때 해도 되는 것의 허용 범위는 엄연히 다를 수 있다는 것을 아는 것이죠.

그런데 지금은 집에서 지내는 시간이 많아져서 학교의 규칙, 친구 사이의 규칙, 사회의 규칙을 경험할 기회가 줄어들었습니다. 이럴수록 부모는 아이에게 "우리는 이렇게 하지만 밖에서는 그러면 안 돼."라는 것을 알려 주고 지키도록 가르쳐야 합니다. 집에서 다소 엄해야 밖에 나가서 크게 다칠 확률을 줄일 수 있습니다. 아이가 마음 아플까 봐, 아이와 사이가 나빠질까 봐 아이와의 갈등을 의도적으로 회피하면서 편하게만 지내려는 마음을 거두시기 바랍니다.

조금은 엄격하게 선을 그어, 그 선을 넘어가면 크게 다칠 수도 있다는 것을 알려야 합니다. 그 선들은 희미해서 지나치기 쉬운 것부터 아주 확고한 '전기 철조망'까지 다양합니다. 그 선은 예의-윤리-도덕-법이라는 테두리로 확장됩니다.

보이지 않는 선의 기본은 예의와 윤리입니다. 예의는 맥락에 따라 좌우됩니다. 친구들끼리 어울릴 때와, 모르는 집에 갔을 때 지켜야 할 예의는 다를 것입니다. 예의는 분위기와 맥락에 따라 취해야 하는 감성적 영역이고 상대적인 부분이 많습니다. 그래서 헷갈리기도 합니다. 그에 반해 윤리는 보편적이고 일관된 면이 있습니다. 내게 옳은 것이 남에게도 옳아야 하고, 지금 괜찮았으면 나중에도 괜찮아야 합니다. 다른 친구의 물건을 빌렸다가 돌려주지 않는 것은 내 것을 남이 가져가서 안 돌려주는 것과 마찬가지로 나쁜 일입니다. 윤리는 역지사지의 측면으로 다가갈 부분이 있고 이성적인 판단과 연관되어 있으며 보편성이 있습니다. 다만 상황에 따른 딜레마가 생길 수 있습니다. 이 부분이 법이나 도덕과 다소 다른 면입니다.

도덕은 사회 문화적 측면에서 '옳다'는 것을 지키는 것입니다. 도덕적이지 못하다고 사회적 벌을 가하지는 않습니다. 그보다는 죄의식과 수치심을 느껴 멈추게 됩니다. 반면 법의 영역은 전기 철조망 같은 것입니다. 모두가 함께 살기 위해 지켜야 하는 것인데, 대체로 '해야 한다'보다 '해서는 안 된다'이고, 그것을 지키지 않으면 벌을 받습니다. 이런 테두리를 하나하나 그려 보면서 자라나도록 해 주면 어떨까 합니다.

한 가정의 규칙은 매우 다양하고 범위가 넓습니다. 사회의 법을 기반으로 한 가치관은 멀리 있어서 건드릴 일이 없습니다. 그 사이가 공백으로 남습니다. 가정 밖의 공간에서 그것을 몸으로 경험하며 익혀야 하는데 비어 있는 시간이 길어지고 있습니다. 이를 감안해서 부모가 아이들을 지도해야 합니다. 그래야 나가서 크게 다치지 않고, 머리가 굳어진 뒤에도 황당한 갈등이나 충돌이 일어나지 않습니다.

집안일에 참여하게 하는 것도 한 가지 방법입니다.

"쓰레기 버리러 같이 나가자."

"세탁기 다 돌아갔네. 우리 같이 빨래 널자."

이렇게 집안일을 함께할 것을 제안하고, 일을 하고 난 다음에는

"같이 했더니 빨리 끝나고 좋다."와 같은 피드백을 주는 것입니다. 그런 경험이 토대가 되면 보이지 않는 친구와 협력해서 같이 과제를 하고 토론을 하고, 팀을 이루어 공부하는 능력을 키울 수 있게 됩니다.

규칙은 '○○을 해서는 안 돼.'보다는 '우리 ○○을 지키자.'가 더 내재화하기 쉽습니다. 이미 하던 일을 하지 않게 하려면 억제력이 필요한데 이것이 아이들에게는 모자라기 쉽습니다. 규칙을 만들고 내재화하는 것을 목적으로 한다면, 없던 행동을 하게 하는 것이 좋습니다. 같은 말이라도 "늦잠을 자지 말자."보다는 "8시에 일어나자."가 낫지요. 지키지 못해서 혼이 나는 것보다 지켜서 칭찬받는 것을 기대하게 하는 겁니다.

하나하나 규칙이 만들어지고 그 규칙이 지켜집니다. 충분히 내재화되서 규칙을 리마인드시키지 않아도 되면 이제 그 규칙을 목록에서 뺍니다. 그리고 필요에 따라 새로운 규칙을 넣습니다. 한 번에 열 개의 리스트는 의미가 없습니다. 이 책은 행동 수정이 주제가 아니니 여기서 마치겠습니다. 중요한 것은 선을 그어 주고 그 선을 지키게 하면 아이가 나중에 세상에 나가서 크게 다치지 않을 수 있다는 것입니다. 해수욕장에 가면 바다에 안전선이 있죠? 거기를 넘어가면 수심이 확 깊어져 위험할 수 있다는 신호입니다. 아이들을 위한 선은 바로 그런 기능을 합니다. 요즘처럼 불확실함이 가득하고, 분명한 것이 별로 없고, 쿨한 세상이라 누구도 싫은 소리를 하고 싶어 하지 않는 시대일수록 집에서 부모의 노력이 필요합니다.

몰입을 불러오는 심심한 시간

헤로도토스가 쓴 『역사』라는 책에 나오는 이야기입니다. 약 3000년 전 아티스 왕이 소아시아의 리디아 왕국을 다스리던 때의 일입니다. 혹독한 기근이 왔는데 끝이 보이지 않았습니다. 그러자 사람들은 재미있는 해결책을 찾아냈습니다. 하루는 식욕을 완전히 잊을 만큼 놀이에 몰입하고, 다음 날은 음식을 먹는 것이었습니다. 이렇게 그들은 18년을 버틸 수 있었는데, 그때 만든 놀이가 지금 우리가 하는 주사위 놀이, 공기놀이 등이라고 하지요.

여기서 중요한 것은 놀이가 아니라 '몰입'입니다. 기근을 잊을 만큼 몰입하는 경험은 누구에게나 필요합니다. 시간이 어떻게 흘러가는지 모르게 몰입을 해 보는 것은 꼭 공부에서 해야만 의미가 있는 것은 아닙니다. 공부에서는 도리어 몰입을 경험하기 어렵고, 정신없이 놀거나 게임에 몰두할 때 몰입은 쉽게 옵니다. 몰입을 경험하고 나면 더 놀고 싶은 보상 심리만 자극될 것 같지만 그렇지 않습니다. 한 번 성공의 경험을 해 본 사람이 다음 성공도 추구할 수 있듯이, 어릴 때 제대로 놀아 본 사람이 어른이 되어서도 자기가 하고 싶은 일에 몰두하고 한계까지 밀어붙여 볼 수 있습니다. 그래서 몰입이 소중한 것입니다. 이 몰입은 충분한 시간이 주어진 상태에서 잘 놀 때 경험할 가능성이 제일 높습니다.

그래서 아이에게 시간을 선물해야 합니다. 아이를 부자가 되게 하는 제일 쉬운 방법이 '시간 부자'가 되게 하는 것입니다. 시간을 펑펑 쓸 수 있으면 심심해집니다. 심심해지면 이런저런 궁리를 하게 됩니다. 어떤 아이는 자기가 하고 싶었던 것을 할 것이고, 어떤 아이는 계속 빈둥빈둥거릴지 모르고, 또 어떤 아이는 질릴 때까지 게임을 할지도 모릅니다. 다 나중에 쓸 데가 있습니다. 부모가 계획을 빡빡하게 짜 주고 빈 시간 없이 하루를 돌리면, 왠지 뭔가 열심히 하는 것 같아 부모나 아이 모두 뿌듯할 것입니다. 그러나 아이는 자기가 정해서 한 것이 아니니 시간을 소모하고 있다고만 여기기 쉽습니다. 그러니 빈 시간에 어떻게든 악착같이 놀려고 합니다. 보상 심리가 작동해서요. 요새 아이들이 노는 모습을 보면 참 '열심히' 논다는 생각이 듭니다. 공부도 치열하게, 노는 것도 치열하게. 꼭 그래야 할까요?

생산성에 대한 강박과 부담을 내려놓을 필요가 있습니다. 그 끝이 어디든 상관하지 않고 몽상하고 공상하는 시간은 최고의 사치입니다. 시간을 펑펑 써 보게 하세요. 뇌는 기본적으로 쉽고 빠른 길을 찾으려고 합니다. 에너지가 덜 드는 효율적인 길을 우선하는 것이 뇌의 본능적인 시스템입니다. 이 시스템을 거슬러야 비로소 창의적인 것이 찾아옵니다. 규칙을 찾고 원리를 체득하려는 뇌에 느슨함을 주어야 합니다. 그것이 몽상이 하는 일입니다. 이때 뇌는 쉬는 것이 아니라 다른 방식으로 전환합니다. 이를 디폴트 모드 네트워크(Default Mode Network, DMN)라고 합니다. 외부 자극이 들어오지 않은 상태일 때 뇌가 이런저런 네트워크의 상호 작용을 하는 것입니다. 많은 연구에 따르면 DMN은 빈둥거림이나 몽상에 의해 잘 활성화된다는 것을 보여 줍니다. 이는 새로운 관점에서 문제를 바라볼 수 있게 돕습니다. 목적 지향적인 뇌 활동에서는 볼 수 없던 것이 보입니다. 같은 뇌가 다른 모드로 변환되면서 일어나는 것입니다.

자, 시간을 선물하고 아이를 내버려 두기로 했다면, 이번에는 잘 가이드하는 것은 어떨까요? 자신이 뭘 할지를 아이가 결정하게 합니다. 마치 예전에 방학 시간표 짜듯이요. 내가 내 시간의 주도권을 갖는 것은 자기 확신감과 삶의 주도권의 기본입니다. 내가 결정한 시간표이니 내가 잘 지키려 노력할 것입니다. 다만 이때 생체 시계를 거스르지는 않아야 합니다. 낮에 자고 밤에 깨서 공부하고 게임하겠다는 시간표는 아무리 자율적이라고 해도 허용하기 어렵습니다. 생체 리듬은 유지하는 것이 좋습니다. 아무것도 없는 빈 시간을 채우지 않으려는 기질의 아이에게는 의도적으로 빈 시간을 만들기를 권하고 그 시간에 아무것도 안 해도 된다고 안심을 시켜 주는 것이 좋습니다. 그래야 마음에 여유가 생기고 짜증이 줄어듭니다. 처음에는 부모의 눈치를 보지만 정말 아무것도 안 해도 된다는 것을 알면 비로소 긴장이 풀리면서 빈둥거리기 시작합니다. 약간 걱정될 정도로 빈둥거려 보는 것도 참 좋은 것 같습니다. 이 단계를 거치고 나면 아이는 주변을 둘러봅니다. 오늘에 대해서, 현재에 대해서 느끼고 감각을 가지게 됩니다. 깨어 있음과 자고 있음의 차이가 분명해지고, 내 마음과 뇌의 시스템이 잘 연결되어 시간이 물이 흐르듯이 매끄럽게 흘러가고 순환합니다. 과거를 후회하고 미래를 불안해하기보다 오늘 여기서 벌어지는 현재에 집중할 수 있을 때 진짜 행복과 몰입이 일어나는 것을 알 수 있게 됩니다.

이렇게까지 시간을 다루는 경험을 하고 나면 이제 별 걱정이 없습니다. 다음에는 좀 조이면서 빠듯하게 시간 관리를 해도 될 것입니다. 바쁠 때에는 시간을 아끼고 잘 쪼개서 써야 하니까요. 조였다가 풀었다가를 반복하는 것이 삶의 기본 패턴이라는 것까지 알게 된다면 더할 나위 없겠지요?

이래서 시간을 선물해야 합니다. 돈도 들지 않지요. 다만 부모가 '그래도 되나?' 하는 불안을 꾹 참아 내야 합니다. 앞으로의 세상에서 어떤 이는 시간에 끌려다니면서 종종거리며 살고, 어떤 이는 시간을 주도적으로 다루면서 새로운 것을 만들고 시스템이 하지 못하는 퀀텀 점프를 해내는 결정적 순간을 만들 것입니다. 그렇기에 어릴 때부터 시간을 잘 다뤄 본 경험이 있는, 텅 빈 시간을 두려워하지 않는 어른으로 자라나면 좋겠습니다.

8장

불안의 시대에 필요한 부모의 마음가짐

지금까지 코로나 시대의 부모들이 왜 불안한지, 그 불안 때문에 아이 양육에 어떠한 어려움이 생기는지 살펴보았습니다. 비대면 사회에서 아이들 마음 발달에 생기는 빈틈과 이후 사회에서 아이들에게 필요한 감정 능력에 대해서도 짚어 보았죠. 부모의 마음이 불안하지 않아야, 아이가 세상으로 나갈 힘을 기르는 동안 큰 비를 막아 줄 우산이 될 수 있습니다. 그 우산을 튼튼하게 지탱하기 위한 부모의 마음가짐에는 어떤 것들이 있는지 살펴보겠습니다.

기대치를
조율하기

"전 다 내려놨어요."

한숨을 푹 쉬며 이렇게 이야기하는 부모를 종종 만납니다. 아이가 부모의 기대치에 부응하지 못하고 다른 아이보다 뒤처지는 것 같을 때, 부모는 자신이 욕심을 버리고 기대치를 낮췄다고 이야기합니다. 하지만 그런 말씀 하시는 부모치고 진짜 다 내려놓은 분을 본 적이 없습니다. 에베레스트산에 올라갈 꿈을 가지고 있다가 마나슬루산에 내려놨다고 하시는 것 같아요.

부모는 아이가 태어나면 "혹시 내 아이가 천재가 아닐까?" 하는 기대를 품습니다. TV에서 영재 이야기가 나오면 귀가 쫑긋합니다. 그러다 중학교쯤부터는 현실에 차차 적응을 하지요. 그럼에도 공부를 곧잘 하거나 예체능에 재능을 보이면 기대는 줄지 않는 것 같습니다.

부모의 기대는 아이의 외적 동기 부여의 원천이기는 하지만 때로는 아이에게 큰 부담이 됩니다. 때로는 갈 필요 없는 방향을 제시하기도 합니다. 이십 대 후반에 애써 공무원이 된 다음 1~2년 만에 그만두면서 "이건 내가 원하던 길이 아니야."라고 선언하는 사람이 등장하는 이유죠.

아이를 키우는 것은 나무를 심고 가꾸는 것과 비슷합니다. 1년짜리 농사라면 올해 흉작이더라도 내년에 잘하거나 작물을 바꾸면 됩니다. 하지만 나무를 키우는 것은 다릅니다. 최소 수년은 지나야 과실이 열리고 그것이 팔 만한 물건인지 판별이 납니다. 재목으로 쓸 나무는 20년은 키워야 이것이 쓸모가 있는 재목이 될지 알 수 있습니다. 키우는 사람의 역할도 크지 않아요. 그저 가지를 치고 주변을 잘 솎아 내는 것이 최선입니다. 비실비실한 나무를 숲에 두고 내려온 부모의 마음은 애가 탑니다. 비바람이 거세게 몰아치는 날은 잠이 안 옵니다. 하지만 앞으로 기후가 어떻게 변할지, 주변 환경이 어떻게 변할지는 아무도 모릅니다.

그래서 기대에 대한 현실적인 조율이 필요합니다. 다소 신중하고 보수적인 접근을 해야 하지요. 이루기를 바라는 최대치를 기대하는 것이 아니라, 자기가 필요로 하는 만큼, 또 이룰 수 있는 만큼으로 기대치를 조정하는 것입니다.

제가 노트북 컴퓨터를 사러 간 적이 있습니다. 상담을 하다 보니 점점 욕심이 생겼습니다. 화면도 크고 그래픽도 좋고 무게도 가벼운 것이 눈에 들어와서 결국은 큰돈을 지출했습니다. 사실 저는 게임도 안 하고 워드로 글을 쓰고 인터넷 검색 정도만 하면 충분한데 말입니다. 제 필요에 의한 욕구를 잊어버리고 제일 좋은 것을 사고 싶은 욕망에 빠져 버렸던 것입니다. 이와 비슷한 경험을 다들 해 보셨죠?

아이를 키울 때도 마찬가지라고 생각합니다.

살짝 낙담이 될 수 있지만 '욕구와 욕망을 구분하자'는 조언을 드리고 싶습니다. 욕구(need)는 우리가 살아가면서 꼭 필요한, 즉 생존을 위한 것들을 갖추고 싶은 마음입니다. 의식주를 해결하고, 다치면 치료받을 수 있는 것 말입니다. "우리에게 빵을 달라."라는 마음이죠. 이것과 구별해야 하는 것이 욕망(desire)입니다. 이는 남보다 나은 것, 전보다 좋은 것을 가지고 싶은 마음입니다. 자동차를 더 좋은 것으로 바꾸고 싶고, 아파트의 평수를 늘리고 좋은 동네로 이사하고 싶은 그런 마음 말이죠. "사람이 어떻게 빵만 먹고 사냐."라는 마음입니다. 이것이 우리를 살아가게 하고 동기를 강하게 자극하는 힘입니다.

그런데 욕구와 욕망은 서로 찰떡같이 붙어 있어서 잘 구별이 안 됩니다. 하지만 저는 아이와 부모를 위해 이 둘을 잘 구별했으면 합니다. '먹고살 만한 정도'인 최소한의 욕구가 충족되면 일단 안심하자는 것입니다. 그다음에 욕망을 추구하면 한결 마음이 편합니다. 전부냐 제로냐(all or nothing)의 판이 아니라 플러스알파(plus alpha)의 판으로 보는 것입니다. 욕망은 추구하지 말라는 고도의 윤리적인 이야기를 하는 것이 아닙니다. 고기도 먹고 싶고, 좋은 옷도 입고 싶고, 더 나은 직장에 다니고 싶은 마음은 너무나 소중하고 당연한 인간의 본성입니다. 다만 욕망을 채우지 못한다고 생존에 위협이 가해지는 것은 아님을 안 상태에서, 든든하고 안전하다고 여기면서 욕망을 추구할 수 있기를 바라는 겁니다. 그런 상태에서는 실패에도 관대해집니다. 더 높은 곳까지 모험적인 시도도 할 수 있지요. 망해도 돌아올 곳이 있으니까요.

저는 지금 부모들과 그들의 부모 세대의 큰 차이가 이것이라고 봅니다. 1930~40년대에 태어난 분들은 축적한 자산이 없었기 때문에 실패가 곧 생존의 문제로 직결되었습니다. 하지만 1970~80년대에 태어난 부모는 그 이전 세대에 비해 자산 축적이 어느 정도 되어 있고, 국가의 안정성과 사회 안전망도 훨씬 좋습니다. 다행히도 이런 부모를 기반으로 자라는 아이들은 운신의 폭이 한결 넓습니다. 그러니 아이에게 내가 못 한 것을 대신 해 주기 바라는 욕망을 투사하기보다 "먹고사는 것은 너무 걱정하지 마."라는 안심의 메시지를 주는 것이 부모와 아이 모두를 위해서 좋습니다. 앞날을 쉽게 예측할 수 없는 지금 시기에는 더욱 그렇습니다.

숲과 나무를 동시에

은행에 무장 강도가 들이닥쳤습니다. 강도가 총으로 은행 직원을 겨누면서 금고 비밀번호를 대라고 했고 몇 분 만에 강도는 은행을

털어서 도망갔습니다. 이후 도착한 경찰은 강도를 가장 앞에서 본 직원에게 강도의 인상착의를 물었습니다. 그런데 그 직원은 아무것도 기억하지 못했어요. 가까이서 봤으니 범죄 드라마에서처럼 목소리의 특징, 눈 색깔, 손목이나 팔의 문신 같은 것을 기억하기를 기대했는데 말입니다. 그 사람이 세세하게 기억해 낸 것은 오직 총부리의 모양이었다고 합니다.

이런 현상을 '무기 집중 효과'(weapon focus effect)라고 합니다. 극심한 스트레스를 받으면 집중력이 한쪽으로 쏠려 시야가 좁아지는 것이죠. 아주 작은 디테일에 집중하고 몰두하면서 전체를 보는 눈을 잃어버립니다. 강박증도 비슷한 현상입니다. 모으고 확인하고 순서에 집착하고, 두려워할 일이 아닌 것에 무의미하게 몰두해서 실제의 불안을 피하려고 강박 증상에 빠지는 것이죠. 이 역시 디테일의 함정에 빠진 상태입니다. 예를 들어 회사 동료가 "오늘 점심에 뭐 먹었어요?"라고 물을 때 "김치찌개요."라고 답하면 간단합니다. 그런데 "음, 김치는 총각김치고, 시금치나물에 깨가 뿌려져 있었고요, 밥은 흑미밥이에요. 콩나물무침이 20그램 정도 있었어요. 그리고 찌개에 두부는 세 조각, 돼지고기는 네 조각 들어 있었습니다."라고 대답하면 듣는 사람은 답답할 수밖에 없죠. 정작 점심에 뭘 먹었는지, 김치찌개가 맛은 있었는지, 다음에 또 가도 좋을지에 대한 이야기는 할 기회가 없습니다.

아이를 바라보는 부모의 마음도 그렇습니다. 부모가 불안해지면 미시적인 것들에 눈이 꽂힙니다. 아이가 10분 늦게 일어나는 것, 빨리빨리 채비를 하지 않는 것, 밥을 깨작거리면서 먹는 것, 먹고 남은 우유를 냉장고에 다시 넣지 않는 것, 숙제를 할 때 철자가 틀린 것이나 선을 제대로 긋지 않은 것이 보입니다. 숙제의 양이 너무 많았는지, 아이가 버거워했는지는 보이지 않습니다. 스트레스가 높은 시기에는 더욱 그런 경향이 커집니다. 시야가 좁아지고 디테일과 구체성이 강해지는 것입니다. 강도의 총부리만 기억난 은행 직원같이 큰 흐름과 윤곽을 놓칠 수밖에 없습니다. 코로나19라는 위기 상황 또한 우리의 시야를 더욱 좁힙니다. 그럴 때일수록 큰 그림을 보는 시도를 해야 합니다. 나무를 돌보다가도 한 번씩 언덕에 올라가서 숲의 모양을 보는 것이 전체를 완성하는 데 도움이 됩니다.

그렇다고 미시적인 시각이 중요하지 않은 것은 아닙니다. 이 두 개의 트랙을 유연하게 공존시킬 수 있었으면 합니다. 거시적인 관점으로 큰 방향을 잡고, 미시적으로는 구체적 실천 방안을 잡는 거죠. 만일 책을 본다면 철학, 기후, 환경, 에너지 같은 주제의 책이 큰 그림을 그리는 데 도움이 됩니다. 이에 반해 심리, 실천, 방법론과 같은 것이 구체적인 실행에 도움이 됩니다. 미시와 거시의 조화, 유연한 줌 인과 줌 아웃이 필요한 시기입니다.

완벽한 예측과 통제는 불가능하니까

예측을 의미하는 영어 단어 forecast는 앞으로(fore) 던지다(cast)라는 뜻을 품고 있습니다. 수렵인이 동물을 사냥할 때 목표물을 보고 방향과 속도를 가늠하여 창을 정확히 던지는 것을 묘사한 것이죠. 그런데 목표가 잘 보이지 않고 바람의 방향이 계속 바뀐다면 어떨까요? 사냥에 성공하기 어려울 것입니다. 지금이 딱 그런 상황입니다. 그럼에도 우리는 어떻게든 예측을 하고자 합니다. 그래야 덜 불안하고 방향을 결정할 수 있으니까요. 신경과학자 호러스 발로는 예측이 인간 지능의 본성이자 핵심이라고 봅니다. 예측은 '새롭지만 우연적이지 않은 사건의 연관성'을 알아내는 것으로, 예측을 잘하려면 우연에 속한 것들을 잘 갈라내고 실질적인 관계에 속한 것들만 잘 추려야 한다고 조언합니다.

하지만 우리는 우연하게 일어난 것들에 쉽게 주목하고 거기에 혹하기 쉽습니다. 그것이 새롭기 때문이지요. 반복되는 일상에 속하는 것들은 묻히고 말지요. 더욱이 우리의 바람이 예측에 영향을 줍니다. 우연하게 얻은 좋은 결과가 앞으로 이어지기를 바라는 마음 말이에요. 어쩌다 한번 시험을 잘 보았는데 그것이 기준이 되어 진짜 실력보다 높은 점수가 나오기를 예측하는 실수를 하는 것입니다.

아이를 키우는 과정은 20년이 넘는 긴 여정입니다. 그 과정에서 일어날 수 있는 모든 변수와 상황을 예측해서 미리 계획을 세워 놓을 수는 없습니다. 슈퍼컴퓨터가 아무리 발달해도, 실현할 수 없는 일입니다.

게다가 지금 우리나라 현실은 분명한 것이 거의 없습니다. 교육과정과 입시 제도가 툭하면 바뀝니다. 큰아이 때 열심히 공부하고 익힌 커리큘럼과 입시 제도는 둘째 아이 때 또 달라집니다. 직업의 미래는 4차 산업 혁명으로 어떻게 바뀔지 미지수입니다. 예측이란 지금까지 알고 있는 것, 일어난 것을 기반으로 해야 하는데, 현재가 유동적이고 미래가 불확실할수록 예측의 가치는 떨어집니다. 그 유동성은 코로나19로 한층 커졌고, 앞날은 미세 먼지로 뿌옇게 변한 하늘 같습니다.

이제는 다른 마음의 준비가 필요합니다. 미래 사회는 VUCA(variability, uncertainty, complexity, ambiguity)라고 합니다. 변동성이 심하고 불확실하며 복잡하고 모호하다는 뜻이지요. 이것이 기본값입니다. 나중에 나아지겠지, 안정이 되고 나면 계획대로 살 수 있겠지 하는 기대는 거두어야 합니다. 예측은 하되 10년 후 같은 장기적 예측이나 계획에 너무 많은 에너지를 쏟지 않는 것이 좋습니다. 거기에 많은 시간과 노력을 들이면 나도 모르게 그대로 실현해야만 할 필요가 커집니다. 마음 에너지의 매몰 비용으로 인해 그것을 현실에 맞게 수정하기보다 그대로 밀고 나가고 싶은 옹고집이 더 큰 힘을 갖기 때문입니다. 일기 예보를 생각해 보세요. 슈퍼컴퓨터를 돌리고 여러 대의 인공위성으로부터 자료를 받아서 수십 명의 전문가가 해석을 합니다. 1주일 정도의 날씨는 잘 예보하지만 1년 후의 기후나 날씨는 의미가 없죠? 아이의 미래에 대해 적당히 낙관적 기대를 갖되 정교한 예측이나 계획 수립은 하지 않았으면 합니다.

백영옥의 『빨강머리 앤이 하는 말』에 따르면 앤이 이런 말을 했습니다.

"엘리자가 말했어요. 세상은 생각대로 되지 않는다고. 하지만 생각대로 되지 않는 건 정말 멋져요. 생각지도 못하는 일이 일어나는 걸요."

이런 마음이 필요해요. 변수를 모두 파악해 통제하려 하기보다, 세상은 생각대로 되지 않는 것이 기본이고 그것은 멋진 일이라고 여기는 마음 말입니다. 예측에 들이는 에너지를 줄여서 일이 벌어졌을 때 대응할 수 있는 에너지를 비축하는 것이 더 좋습니다. 다가오는 일들에 적절히 대응하고 그것이 위험이 아니라 가능성으로 보려는 마음이 지금 아이를 키울 때 부모에게 필요한 마음가짐입니다. 정답은 아무도 모르니까요.

운의 영역
인정하기

만일 2019년에 외국인을 대상으로 하는 펜션이나 호텔을 개업한 사람이 있다면 2020년에 어땠을까요? 망설이다가 우연히 마스크 공장을 시작한 사람은요? 누구도 2020년의 코로나19를 예측하지 못했습니다. 2022년에는 해외여행을 갈 수 있을까요? 오랫동안 외국 유학을 준비한 학생은 갈 수 있을까요?

오랜 고민 끝에 좋은 학군이라는 곳으로 이사를 했습니다. 주변에 물어물어 진학 성적이 좋고 학생들 분위기도 좋다는 중학교에 배정되는 아파트를 찾아서 아이를 전학시켰습니다. 여기까지는 부모의 발품과 노력의 결과입니다. 그런데 만일 담임 선생님이 아이와 성격이 맞지 않는다면? 같은 반 아이가 내 아이를 못마땅하게 여겨서 사사건건 트집을 잡는다면? 여기서부터는 운의 영역 아닐까요?

아무리 노력을 해도, 주변의 변수를 통제하고 싶어도, 상황은 갈수록 운(運)이 중요해지는 방향으로 가고 있는 것 같습니다. 왜 그럴까요?

먼저 상황의 안정성이 보장되지 않기 때문입니다. 인과 관계가 명확한 일이라면 실력이 우위에 섭니다. 다만 그러려면 똑같은 결과가 반복될 것이고 나머지 변수는 절대 변하지 않는다는 안정성이 확보

되어야 합니다. 예를 들어 바둑이나 체스같이 정확한 규칙으로 정해진 환경에서 게임을 반복한다면 그 결과는 실력에 따라 판가름이 날 것입니다. 부모는 아이의 공부도 그러기를 바라지만 현실은 매우 복잡합니다. 돌발 변수가 아주 많습니다. 주변이 통제되지 못하는 상황에서는 실력이 좋다고 해서 반드시 결과가 좋으리라고 장담할 수 없습니다.

수능 날 아침에 알람이 잘못 울리는 것, 다른 학생의 가방에서 휴대폰 알람이 울리는 것, 감염에 대한 강박적 공포로 방역복을 입은 수험생과 같은 교실에서 시험을 본 것……. 이런 것은 우리가 통제할 수 있는 일이 아닙니다. 아무리 운전을 조심해도 중앙선을 넘어오는 차를 피할 수 없듯이요.

두 번째로는 실력이 일의 성패를 결정하지 않을 때도 있다는 것입니다. 다른 사람들이 하지 않는 일을 나만 할 때에는 노력과 시간을 들인 만큼 그 결과물의 차이가 팍팍 납니다. 그런 시장을 블루 오션이라고 하죠. 다만 별로 하는 사람이 없으니 찾는 사람도 적다는 것이 문제입니다. 그런데 모든 사람이 다 같이 그 일이 좋다고 생각해서 달려들고, 정보도 거의 공개되어 있다면 이야기는 달라집니다. 모든 사람의 실력이 비슷하다면 여기서부터는 운이 결정적 역할을 할 때가 많습니다.

마이클 모부신의 『운과 실력의 성공 방정식』에서는 마라톤 기록의 변화를 예로 듭니다. 올림픽 마라톤 경기에서 1위와 20위의 기록 차이가 1932년에는 40분이었는데 2008년에는 겨우 9분으로 줄어들었습니다. 출전한 선수들 사이의 실력 차가 아주 적어진 것이죠. 1930년대에는 과학적으로 훈련을 받고 훈련량이 많으면 바로 결과의 차이를 낼 수 있었지만, 모두의 실력이 다 향상된 최근에는 그날의 컨디션, 돌발 변수, 날씨 같은 운의 영향력이 커졌습니다.

공부도 비슷합니다. 많은 부모가 비슷하게 고민하고, 아이를 위해 노력하고, 더 나은 환경을 제공하기 위해 애를 씁니다. 그럴수록 모두의 평균치는 올라갑니다. 그렇다면 이제부터는 운에 의해 결정될 가능성이 커집니다. 잘되면 운이 좋은 것이고, 안 되면 노력이 부족한 것이 아니라 운이 없었을 뿐입니다.

여기서 오해하지 않아야 하는 것이, 운칠기삼(運七技三)이라는 말처럼 마냥 운만 바라보라는 뜻이 아닙니다. 노력을 다하고 나면 그 때부터는 운의 영역이 있음을 인정하자는 것이죠. 굳이 비유하자면 진인사대천명(盡人事待天命)에 가깝습니다.

부모가 아이를 바라보는 마음부터 그랬으면 좋겠습니다. 아이의 성공이 부모의 노력이 아니라 우연의 결과임을 인정하는 것입니다. 저는 영재(英材)라는 말을 별로 좋아하지 않습니다. 영재는 내가 좋은 씨를 뿌리고 잘 가꿔서 꽃을 피웠다는 맥락의 단어거든요. 부모의 좋은 유전자에 좋은 환경을 제공하여 잘 가꾼 것이죠. 그런 관점에서 보면 아이가 낸 결과의 90%쯤은 농부인 부모의 것이 됩니다. 반면 영미권에서는 영재를 gifted child라고 합니다. 신에게 받은 선물 같은 아이라는 의미예요. 아이는 신에게 어쩌다가 받은 선물입니다. 옆집으로 갈 수도 있었는데 고맙게도 내 아이로 태어나 준 것입니다. 아이의 재능은 부모의 유전자의 힘이나 선행의 결과가 아니라 다만 운이 좋은 것이에요.

우리가 아이를 바라보는 마음이 그랬으면 합니다. "어떻게 네가 우리한테 왔니? 아, 기쁘고 고맙다. 나는 운이 좋구나."라고요. 좋은 일은 행운이고 나쁜 일은 운이 좀 없었을 뿐입니다. 자책하고 후회할 일이 아닙니다. 그래야 겸손해집니다. 좋은 결과를 다 내 노력의 결과로 독식하지 않고, 타인의 좌절도 노력의 부족으로 재단하지 않아야 합니다. 그저 모두가 똑같이 노력했지만 누군가는 운이 조금 모자랐을 뿐이라고 생각해야 합니다. 올림픽에 출전한 선수들은 치열하게 경쟁합니다. 그리고 경기를 마치고 난 다음에는 메달에 상관없이 서로 격려합니다. 이미 알고 있는 것이에요. 여기까지 올라왔다면 너나 나나 실력 차이는 별로 없다는 것을요. 오늘 금메달을 딴 나는 운이 좋았고, 그날 마침 올림픽이라는 큰 경기가 열렸을 뿐이라는 것을요.

'그랬어야 하는데' 하는 후회와 자책을 덜 합시다. 준비에 대해 불안해하면서 '더 해야 하는데'라고 생각하지 맙시다. 최선의 노력을 하되, 내가 할 수 있는 수준에서는 충분하다고 여길 만큼 하고 나면 여기서부터는 운의 영역이라고 여깁시다. 성층권을 넘을 때까지는 로켓의 추진력이 필요하지만 거기서부터 알아서 날아간다고요. 그래야 10% 마음의 여유가 생깁니다. 내 마음이 편해지고, 좋은 일을 감사히 받아들이게 되고, 안 좋은 일도 가슴이 덜 아픕니다. 타인의 안 좋은 일도 그저 운이 조금 없었을 뿐이라 여기게 되어 공감과 연대의 마음이 생깁니다. 그것이 사람 사는 것 아닐까요.

의도적인 우연과
낙관적인 마음

자기 충족 예언이라는 개념이 있습니다. 상황에 대해 잘못된 판단이나 정의를 내리고는 다음에 일어나는 일들이 처음의 잘못된 생각이 현실화된 것이라고 여기는 것입니다. 처음부터 비관적인 전망을 하다가 나중에 정말로 나쁜 결과가 나왔을 때 "아, 내가 그럴 줄 알았어." 하는 경우가 그렇습니다. 이런 부모는 아이를 키우는 과정의 즐거움을 온전히 만끽하지 못합니다. 스스로 자기 마음을 채찍질하고 자꾸 바로 다음 과정의 걱정으로 넘어가려고 하거든요. 아이의 성취를 즐기지 못하고 최선을 다한 아이를 보아도 불안이 사라지지 않습니다. 90점을 받은 아이를 보면서 틀린 10점이 안타까운 것이 먼저죠.

여기에 다시 등장시키고 싶은 친구가 하나 있습니다. 바로 빨강

머리 앤입니다.

"전요, 뭔가를 즐겁게 기다리는 것에 그 즐거움의 절반은 있다고 생각해요. 그 즐거움이 일어나지 않는다 해도 즐거움을 기다리는 동안의 기쁨이란 틀림없이 나만의 것이니까요."

맞는 말이죠? 조금 황당하지만 이런 마음이 지금 정말 필요한 것 같습니다. 기다리는 즐거움은 낙관적인 마음을 갖지 못하면 누리기 어렵습니다. 미래에 긍정적인 사건이 일어날 가능성을 상상해 보는 것, 더 좋은 일이 일어날 수 있다고 생각해 보는 것이 필요합니다. 런던대학의 샬리 테롯이 한 연구를 보면, 좋은 일이 일어날 것이라고 기대하면 복 측 전전두엽이 활성화되고 이어서 전전두엽 전체가 활성화되었습니다. 즉, 그냥 기분만 좋아지는 것이 아니라 전전두엽이 행하는 판단력, 실행 능력 등도 같이 향상되는 것입니다.

낙관적인 마음은 하루아침에 생기지 않습니다. 평소에 계획하고 통제하는 태도를 느슨하게 하는 연습이 필요합니다. 제가 권하고 싶은 것은 '의도적 우연'입니다. 여행을 갈 때에도 계획을 타이트하게 짜기보다 방향만 정하고 별 계획 없이 떠나 보세요. 의외로 재미있는 곳을 만날 수 있습니다. 동네를 하릴없이 걸어 다니는 산책도 좋아요. 이리 기웃 저리 기웃하면서 동네의 작은 가게를 둘러보고 쓱 들어가서 구경하는 것이죠. 그러다 괜찮아 보이는 식당이나 카페가 있으면 들어가 보고요.

낙관적인 마음을 가지기 위해 필요한 또 한 가지는 바로 공동체입니다. 내 공동체를 믿는 것입니다. 필요할 때 의존할 수 있고 도움을 청할 수 있는 주변의 작은 공동체부터 크게 보면 우리 사회, 더 나아가서는 세계까지 넓힙니다. 완전하지는 않지만 마음이 든든해집니다. 거기서 낙관은 힘을 얻습니다.

낙관적 기조가 있을 때 실패에 흔들리지 않고 다시 한번 나아갈 힘이 생깁니다. 게임할 때를 생각해 보세요. "Game over."가 나오면 이어서 이런 메시지가 뜹니다. "Continue Yes or No?"

또 망하겠구나 하는 마음만 드는 사람은 게임을 못 합니다. 사실 큰 고민 없이 그냥 다시 Yes를 누르고 시작하면 됩니다. 그것이 낙관의 힘입니다. '절박한 낙관'(urgent opitmism)이라고 합니다. 이런 마음이 생기면 내 앞에 장애물이 있어도 바로 달려들고 싶은 행동 욕구가 생깁니다. 성공 가능성에 대한 합리적 희망에서 촉발되는 것이지요.

인간 본성은 본래 너무 낙관적이라 문제입니다. 긍정 심리학에서는 인간은 나쁜 일보다 좋은 일이 일어날 확률이 높다고 과대 예측한다고 합니다. 문제는 사는 것이 힘들다 보니, 특히 아이들 문제에 대해서는 부모가 그런 능력을 잃어버렸다는 것입니다. 되살려야 하는 것은 바로 이 낙관적 태도입니다. 세상이 정신없이 변할수록 낙관적 태도는 소중합니다.

선택하지 않은 것을
받아들이기

아이들은 어릴 때 "나는 어디서 왔어?" 하고 물어볼 때가 있습니다. 요즘은 "엄마의 아기 씨와 아빠의 아기 씨가 만나서 태어났어." 라고 설명해 주기도 하지만, 전에는 흔히 "황새가 물어다 줬어." "삼신할머니가 점지해 줬지." 정도로 이야기했습니다. "다리 밑에서 주워 왔어."라고 말해, 아이가 출생의 비밀을 고민하게 하기도 했지요.

이런 이야기들의 공통점은 뭘까요? 바로 부모가 아이를 선택한 것이 아니라는 점입니다. 황새가 어떤 아기를 물어다 줄지, 삼신할머니가 어떤 아기를 점지해 줄지 우리는 알 수 없습니다.

그런데 우리 사회에서는 아이를 내 인생의 자산이고 투자처라고 여기는 마음이 있습니다. 투자라고 친다면 아이는 부부가 지금까지 투자한 자산 중 가장 많은 시간과 에너지가 투여된 것이지요. 어떤 방식으로든 수익이 나기를 바라는 마음이 없을 수 없죠. 돈으로 환산할 수 없다고 손사래를 치지만 그런 마음이 있을 수밖에 없습니다.

서울대학교 경영학과 채준 교수가 강의에서 이런 이야기를 하는 것을 들었습니다.

"아이는 여러분의 자산 중 어디에 속할까요? 최고의 자산이라고 생각하시나요? 아닙니다. 악성 부채입니다. 죽을 때까지 사라지지 않는 부채입니다. 그렇게 생각해야 해요."

꽤 어려운 자산 배분에 대한 이야기를 하다가 주의를 환기시키기 위해 유머를 구사한 것인데, 냉소적이지만 일면 끄덕이게 되는 부분이 있었습니다. 생각해 보니 정말 그렇습니다. 수익은커녕 이자가 점점 불어날 수도 있죠. 아이를 키우는 것은 그런 것입니다. 모래주머니를 차고 걸어가는 것입니다. 더구나 내가 선택한 것이 아니라 그냥 내게 불현듯 온 존재입니다.

그렇다면 이 '부채'를 어떻게 해야 할까요? 내가 고르지는 않았지만 수용하고 인정하고 함께 살아가는 수밖에 없습니다. 결과가 아닌 과정을 함께하고 그것을 내 삶의 기쁨 중 하나로 여기는 것, 그것이 가장 중요한 태도라고 말씀드리고 싶어요.

부모의 가장 좋은 태도는 좋으면 좋은 대로 나쁘면 나쁜 대로 흘러가게 놓아주려고 하는 "Let it go."의 태도입니다. 신학자 윌리엄 F. 메이는 이를 "내가 선택하지 않은 것을 열린 마음으로 받아들이는 태도"라고 말했습니다. 그는 부모에게 두 가지 사랑이 있는데 하나는 '받아들이는 사랑'으로 아이의 존재 자체를 인정하고 긍정하는 것이고, 다른 하나는 '변화하는 사랑'으로 아이의 행복을 추구하는 것이라고 설명했습니다. 그러면서 많은 부모가 변화와 성장에만 몰두한다고 지적합니다. 아이의 존재 그 자체를 긍정하고 수용하려는 마음이 더 중요하다고 말합니다.

롤플레잉 게임의 캐릭터를 키우듯 계획을 섬세하게 세우고, 미션을 해내고, 던전을 풀고, 아이템을 차곡차곡 쌓아 가는 게임 유저가 되어 버리지 않았으면 합니다. 부모가 할 수 있는 것은 아이의 존재를 잘 이해하고 세심한 주의를 기울이는 것입니다. 아이가 좋아하는 것과 싫어하는 것, 장점과 단점을 파악하고 있다가 도움이 되도록 돌려주는 것이 부모의 제일 좋은 역할입니다. 근본을 바꾸는 연금술의 마법은 없습니다. 이런 돌려주는 피드백 과정을 거치면서 아이는 자신이 누구인지에 대한 현실적 감각을 내면화할 수 있게 됩니다. 그래서 적당히 무시하고 두고 보는 것이 현명한 양육입니다. 잘되기를 바라는 낙관적인 태도를 가지고 세심하게 외면해 주며 다만 뒤에서 염려하며 바라봐 주는 것이 나중에 더 나은 결과를 가져옵니다. 그것이 아이에 대한 신뢰입니다. 처음에는 위태위태해 보이나 아이는 서서히 자리를 잡고 자기 길을 갑니다. 그 길이 엄청난 성취로 향하는 길은 아닐지라도요.

아이에게 기본적인 것을 해 주고 있음을 확인하고 안심하세요. 밥을 먹이고 재우고 돌봐 주는 것, 아이의 어려움을 알아주는 것, 아이가 느끼는 다양한 감정들을 인정해 주는 것이 부모가 할 일입니다. 시간은 우리 편이기도 하고 아니기도 합니다. 우리가 하는 일은 그 과정을 함께하는 것이고, 시간을 버텨 내는 것입니다. 그것이 부모에게도 아이에게도 현실적인 최선입니다. 앨범을 들춰 보면서 "아, 그때 그랬지." 하는 기분 좋은 미소를 지어 보세요.

주의!
자기애적 부모가 되지 말 것

자녀 교육 전문가 헬 에드워드 렁켈은 "아이에게 가장 필요한 부모는 아이를 필요로 하지 않는 부모"라고 말했습니다. 아이를 내버려 두는 방임을 말하는 것이 아닙니다. 아이의 인생보다 자기 인생 쪽으로 무게 중심이 잘 움직인 부모를 의미합니다. 무게 중심이 아이에게 확 쏠려 있으면 내가 통제할 수 없는 존재인 아이의 움직임에 일희일비하고 휘청거리기 쉽습니다.

아이에게 자신을 바쳤다고 여기는 부모는 실은 매우 이기적인 사람일 수 있습니다. "난 너를 키우느라 내 모든 걸 포기했어."라는 말은 아이에게 큰 부담을 줍니다. 부모의 삶이 나로 인해 없어졌고, 부모의 희생 위에 내 인생이 만들어졌다는 생각을 주는 것, 이는 아이에게 평생 갚지 못할 부채를 안고 살아가라는 선언과 같습니다.

그 반대의 경우도 있습니다. 아이 때문에 내 위대함, 완벽함, 안온함이 흔들리는 것을 느끼고 강한 분노를 표현하는 것입니다. 이런 부모를 '자기애적 부모'라고 합니다. 아이를 위한다고 말하면서 사실은 오직 자신을 위해 행동하는 부모입니다. '내 탓'을 할 줄 모르고 누가 비판하면 지나치게 분노합니다. 자기 방식대로 이루어지지 않으면 견디지 못하고 주변을 자신이 편한 대로 바꿔야 직성이 풀립니다.

이런 사람에게 자잘한 실수나 문제를 저지를 수밖에 없는 아이는 골칫덩이입니다. 자신의 존재가 그러기를 원하듯 아이에게도 완벽함을 요구합니다. 아이가 친구들과 놀이터에서 게임을 하다가 넘어지면 그런가 보다 하고 넘어가지지 않고 아이가 졌다는 것, 넘어졌다는 것에 화가 나고 모욕감을 느낍니다. 아이의 친구를 혼을 내기도 합니다. 비슷한 부모를 만나면 부모끼리의 싸움이 되기 일쑤죠. 아이가 식당에서 물을 흘리거나, 걸어가다가 살짝 부딪혀서 다른 테이블에 실례를 할 수 있습니다. 아이에게 적절히 주의를 주면 되고, 미안하다고 하면 될 일입니다. 이런 경우에도 자기애적 부모는 아이의 실수 때문에 자기가 다른 사람에게 고개를 숙이게 된 것에 모욕감을 느낍니다. 그 모욕감만큼 아이는 지나친 대가를 치르게 됩니다. 아이가 뭘 느끼고 있는지, 얼마나 당황하고 힘들어했는지는 보이지 않습니다. 공감의 레이더가 오직 자신을 위해서만 돌아가고 가장 가까운 존재인 아이에게도 감각되지 않는 것입니다. 내가 불편하고 짜증 나고 모욕당한 것만 경험될 뿐입니다.

아이는 언제나 혼이 날 일을 저지릅니다. 실수가 많습니다. 부모의 기대에 미치지 못할 확률이 높습니다. 그리고 무엇보다 아이는 부모에게 약자입니다. 물이 낮은 곳으로 흘러 내려가듯이 감정은 귀신같이 높은 곳에서 낮은 곳으로 흐릅니다. 부정적인 감정일수록 그렇습니다. 자기애적 부모가 밖에서 차마 대들 수 없는 존재에게 기분 나쁜 일을 당하고 집에 돌아왔을 때, 아이는 자기가 잘못한 것에 더해 부모가 밖에서 담고 온 화까지 실어서 혼이 날 수 있습니다. 아이가 감정의 수챗구멍이 되는 것입니다. 아이는 공정한 대우를 받아야 하는데, 자기애적 부모는 자기감정을 처리하는 데 바빠서 아이의 아픔에 공감하지 못합니다.

그래서는 안 됩니다. 아이의 실패에 분노하고, 나의 모욕으로 느껴서는 안 됩니다. 아이 마음에 큰 수치심을 줄 뿐입니다. 자존심이 상하는 것, 적당한 열등감은 부모 자신의 삶에 적당한 자극이 됩니다. 동기 부여를 위해 필요합니다. 그러나 그 감정을 아이 앞에서 보일 필요는 없습니다. 부모 자신의 인생 영역에서 필요한 수준으로 느꼈으면 합니다. 아이를 대할 때에는 자존감의 영역에서만 나를 바라보고 판단했으면 합니다.

또한 아이의 미래 계획을 세우거나 아이에게 필요한 것을 판단하고 결정할 때에도 혹시 이것이 '나의 자기애적 만족'을 위한 것은 아닌지 꼭 생각해 봐야 합니다. 나를 위해 사는 것은 필요하지만 그것이 오직 나의 자기애적 만족을 위한 것이라면 아이에게 좋은 결과가 되지 않습니다.

그렇다고 자기애가 나쁜 것은 아닙니다. 건강한 자기애가 있어야 외부의 비난과 비판에도 내 길을 갈 수 있습니다. 자기애는 나를 지켜 주는 방어막이 됩니다.

건강한 자기애는 건강한 자존감과 함께합니다. 완벽해지려고 거짓과 위선으로 가득 채우는 것이 아니라, 굳이 애써 완벽해질 필요가 없다는 것을 삶으로 보여 주는 부모가 되었으면 합니다. 튼튼하고 흔들리지 않는 자존감, 그것이 아이에게 증여할 최고의 재산입니다. 부모가 병든 자기애로 만들어진 자존심만 세우면 그것을 보고 자란 아이에게는 깊은 열등감만 자라납니다. 부모 되기란 참 어렵습니다. 이쪽도 저쪽도 지나치면 안 되니까요.

아이와 살아가면서 건강한 자기애를 가진 부모가 되는 방법은 뭘까요? 제일 쉬운 방법 중 하나가 아이에게 부모가 실수를 하고 난 후에 인정하는 모습을 보여 주는 것입니다. 그래야 아이들은 실수를 두려워하지 않게 됩니다. 그것이 건강한 자기애를 만듭니다. 실수나 잘못을 받아들이고, 사과해야 할 때 사과하고, 책임을 진다고 해서 나의 삶이 뿌리부터 흔들리거나 무너지지 않는다는 것을 부모의 인생을 보면서 배워 나가면 좋겠습니다. 그것이 최고의 선물이 아닐까요?

불안보다 호기심으로

『뉴욕타임스』 칼럼니스트인 토머스 프리드먼이 2020년 초에 이제 세상은 BC와 AD로 나뉜다는 이야기를 했습니다. 코로나 이전(Before Corona)과 이후(After Disease)로 나뉠 것이라는 뜻입니다. 그만큼 사회 문화적으로 큰 변화가 올 것이라는 것이죠.

서양을 중심으로 보면 14세기 중앙아시아에서 유럽으로 들어와 많은 사람을 죽음으로 몰고 간 흑사병만큼 영향이 있을 것이랍니다. 당시 의학은 일천했기에 인류는 흑사병에 속수무책으로 당했습니다. 유럽 총인구의 30~60%가 줄어들었다고 추산하기도 합니다. 흑사병으로 인한 사회 문화적인 변화는 더욱 엄청났습니다. 사람들의 세계관이 바뀌었습니다. 인본주의적 르네상스가 시작되었고, 16세기 종교 개혁도 흑사병이 그 시발점이었다는 견해가 있을 정도지요.

경제적인 측면에서는 인구가 줄어드니 살아남은 사람에게는 더 많은 식량이 제공되어 영양 상태가 좋아졌고, 농작을 경작할 사람이 줄어들어 농민들이 농토를 소유하는 것이 가능해졌습니다.

코로나19 이후에는 사회가 어떻게 바뀔까요? 4차 산업 혁명도 온다는데, 우리 아이의 20년 후에는 세상이 어떤 모습일까요? 그 실체가 무엇인지는 잘 모르겠지만 큰 변화가 올 것만은 분명하지요. 그래서 많은 부모가 불안을 호소합니다. 큰 변화의 변곡점에 서 있는 데다, 그 변화의 시계가 꽤 앞으로 당겨져서 더욱 당황스럽고 마음이 조급하죠.

찬찬히 마음을 다스리며 장기적인 계획을 세우기 어려운 시기입니다. 지금 할 수 있는 것은 오늘에 집중하는 것뿐입니다. 멀리 보기보다 하루하루에 충실해야겠습니다. 일어나는 일에 대응해 나가면서요. 그러면서 가끔은 눈을 들어 멀리 봅시다. 아이가 서른 살이 되었을 때를 그려 보았으면 합니다. 너무 빨리 낙담하거나 문제를 회피하거나 어떻게 되겠지 하며 넋 놓고 있기보다는요. 지나친 낙관과 심한 불안 사이에서 오도 가도 못하고 멈추는 것보다는 그 중간 어느 지점에서 균형을 유지하며 나아가는 것이 지금으로서는 최선이라는 생각이 듭니다.

불안보다는 호기심, 비관보다는 낙관, 예측보다는 대응하는 마음이 필요합니다. 미래는 아직 오지 않았습니다. 지금 오늘을 중심으로 가까운 현재에 집중하면서 꾸준히 하루하루를 살아갑시다. 결과보다 과정에서 아이와 느끼는 행복에 집중하고, 때로는 부모라는 정체성을 떠나 나 자신의 삶을 살면서 경험하는 작은 즐거움에 집중합시다. 코로나19가 우리의 삶을 확 흔들었습니다. 이런 일 앞에서는 그 누구라도 마음의 균형을 맞추기가 쉽지 않습니다. 강도가 안 되면 빈도로 대처하면 됩니다. 큰 힘이 없으면 작은 힘으로 자주 많이 때려서 기울어진 균형을 다시 맞춥시다. 불안하기는 하지만 심호흡하며 지치지 않고 꾸준히 뚜벅뚜벅. 인생은 백 미터 달리기가 아니라 마라톤이니까요.

참고 자료

단행본

김희경 『이상한 정상가족』, 동아시아 2017.

다비드 에버하르드 『아이들은 어떻게 권력을 잡았나』, 권루시안 옮김, 진선출판사 2016.

데이비드 엡스타인 『늦깎이 천재들의 비밀』, 이한음 옮김, 열린책들 2020.

리처드 왓슨 『인공지능 시대가 두려운 사람들에게』, 방진이 옮김, 원더박스 2017.

마이클 모부신 『마이클 모부신 운과 실력의 성공 방정식』, 이건, 박성진, 정채진 옮김, 에프엔미디어 2019.

마이클 샌델 『완벽에 대한 반론』, 김선욱, 이수경 옮김, 2016.

마크 쉔, 크리스틴 로버그 『편안함의 배신』, 김성훈 옮김, 위즈덤하우스 2014.

미셸 겔펀드 『선을 지키는 사회, 선을 넘는 사회』, 이은진 옮김, 시공사 2020.

백영옥 『빨강머리 앤이 하는 말』, 아르테 2016.

토드 로즈 『평균의 종말』, 정미나 옮김, 21세기북스 2018.
핼 에드워드 렁켈 『소리 지르지 않고 아이 키우기』, 김양미 옮김, 샘터사 2015.
홍성철 『수축 사회』, 메디치미디어 2018.

논문 및 연구 보고서

Batson, C. D., Klein, T. R., Highberger, L., & Shaw, L. L., "Immorality from empathy-induced altruism: When compassion and justice conflict", *Journal of Personality and Social Psychology* 68(6), 1995.

Carbon CC., "Wearing Face Masks Strongly Confuses Counterparts in Reading Emotions", *Front Psychol* 11(566886), 2020.

Dacey, J. S., "Discriminating characteristics of the families of highly creative adolescents", *The Journal of Creative Behavior* 23(4), 1989.

Damon E. Jones, Mark Greenberg, Max Crowley, "Early Social-Emotional Functioning and Public Health: The Relationship Between Kindergarten Social Competence and Future Wellness", *American Journal of Public Health* 105, no. 11, 2015.

De Neve JE, Oswald AJ., "Estimating the influence of life satisfaction and positive affect on later income using sibling fixed effects", *Proc Natl Acad Sci USA* 109(49), 2012.

Du Toit G, Roberts G, Sayre PH, Bahnson HT, Radulovic S, Santos AF, Brough HA, Phippard D, Basting M, Feeney M, Turcanu V, Sever ML, Gomez Lorenzo M, Plaut M, Lack G; LEAP Study Team., "Randomized trial of peanut consumption in infants at risk for peanut allergy", *N Engl*

J Med 372(9), 2015.

Evans ML, Lindauer M, Farrell ME., "A Pandemic within a Pandemic-Intimate Partner Violence during Covid-19", N Engl J Med 383(24), 2020.

Frensch, P. A., & Sternberg, R. J., "Expertise and intelligent thinking: When is it worse to know better?" In R. J. Sternberg (Ed.), "Advances in the psychology of human intelligence", 1989 Vol 5.

Hare TA, Tottenham N, Galvan A, Voss HU, Glover GH, Casey BJ., "Biological substrates of emotional reactivity and regulation in adolescence during an emotional go-nogo task", *Biol Psychiatry* 63(10), 2008.

Jack et al., "Cultural Confusions Show that Facial Expressions Are Not Universal", *Cultural biology Volume 19* Issue 18, 2009.

Kogut, T. & Ritov, I., "The singularity effect of identified victims in separate and joint evaluations", *Organizational Behavior and Human Decision Processes* 97(2), 2005.

Lepper, M. R., Greene, D., & Nisbett, R. E., "Undermining children's intrinsic interest with extrinsic reward: A test of the 'overjustification' hypothesis", *Journal of Personality and Social Psychology* 28(1), 1973.

McAuliffe K, Jordan JJ, Warneken F., "Costly third-party punishment in young children", *Cognition* 134, 2015.

Pellis, S,M., Pellis, V. C. Bell, H.C., "The Function of Play in the Development of the Social Brain", *American Journal of Play* Vol 2 (3), 2010.

Robert Rosenthal & Lenore Jacobson., "Pygmalion in the classroom", *The Urban Review* 3, 1968.

Schurgin MW, Nelson J, Iida S, Ohira H, Chiao JY, Franconeri SL., "Eye movements during emotion recognition in faces", *J Vis* 14(13), 2014.
Tarot S., "The optimism bias", *Current Biology* Vol 21(23), 2011.

언론 기사 및 영상

「11개국 직장인 조사해보니… 막상 한국인은 재택근무 싫어하더라」, 『조선일보』 2020.10.11.
「20세는 셋 중 하나, 40세는 5명 중 한 명… 100살까지 산다」, 『조선일보』 2020.10.30
「코로나 세대, 잃어버린 1학년」, 『중앙일보』 2020.11.24.
「How to Raise a Creative Child. Step One: Back Off」, 『뉴욕타임스』 2016.1.30.
「Kids of Helicopter Parents Are Sputtering Out」, 『슬레이트』 2015.7.5.
「Suicide on Campus and the Pressure of Perfection」, 『뉴욕타임스』 2015.7.27.

「채준 교수의 "Personal Finance: How to invest"」, 『SNUbiz』 2020.7.7.

포스트 코로나,
아이들 마음부터 챙깁니다

초판 1쇄 발행 • 2021년 4월 16일

지은이 • 하지현
펴낸이 • 강일우
책임편집 • 김보은 김선아
조판 • 신혜원
펴낸곳 • (주)창비
등록 • 1986년 8월 5일 제85호
주소 • 10881 경기도 파주시 회동길 184
전화 • 031-955-3333
팩시밀리 • 영업 031-955-3399 편집 031-955-3400
홈페이지 • www.changbi.com
전자우편 • ya@changbi.com

ISBN 978-89-364-5944-4 13590

* 이 책은 2020년도 건국대학교 교내연구비 지원을 받았습니다.

* 책값은 뒤표지에 표시되어 있습니다.